CÁLCULO DIFERENCIAL E INTEGRAL A VÁRIAS VARIÁVEIS

CÁLCULO DIFERENCIAL E INTEGRAL A VÁRIAS VARIÁVEIS

André Cândido Delavy Rodrigues
Alciony Regina Herdérico

2ª edição

Rua Clara Vendramin, 58 – Mossunguê
CEP 81200-170 – Curitiba – PR – Brasil
Fone: (41) 2106-4170
www.intersaberes.com
editora@intersaberes.com

Conselho editorial
Dr. Alexandre Coutinho Pagliarini
Drª Elena Godoy
Dr. Neri dos Santos
Mª Maria Lúcia Prado Sabatella

Editora-chefe
Lindsay Azambuja

Gerente editorial
Ariadne Nunes Wenger

Assistente editorial
Daniela Viroli Pereira Pinto

Edição de texto
Monique Francis Fagundes Gonçalves

Capa
Sílvio Gabriel Spannenberg

Projeto gráfico
Sílvio Gabriel Spannenberg

Adaptação do projeto gráfico
Kátia Priscila Irokawa

Diagramação
Sincronia design

Iconografia
Regina Cláudia Cruz Prestes

Dados Internacionais de Catalogação na Publicação (CIP)
(Câmara Brasileira do Livro, SP, Brasil)

Rodrigues, André Cândido Delavy
  Cálculo diferencial e integral a várias variáveis / André Cândido Delavy Rodrigues, Alciony Regina Herdérico. -- 2. ed. -- Curitiba, PR : InterSaberes, 2023.

  Bibliografia
  ISBN 978-85-227-0738-6

  1. Cálculo diferencial – Estudo e ensino 2. Cálculo integral – Estudo e ensino I. Herdérico, Alciony Regina. II. Título.

23-164078　　　　　　　　　　　　　　　　　　　　　　CDD-515.3307

Índices para catálogo sistemático:
1. Cálculo diferencial : Matemática : Estudo e ensino   515.3307

Cibele Maria Dias – Bibliotecária – CRB-8/9427

1ª edição, 2016.
2ª edição, 2023.
Foi feito o depósito legal.
Informamos que é de inteira responsabilidade dos autores a emissão de conceitos.
Nenhuma parte desta publicação poderá ser reproduzida por qualquer meio ou forma sem a prévia autorização da Editora InterSaberes.
A violação dos direitos autorais é crime estabelecido na Lei n. 9.610/1998 e punido pelo art. 184 do Código Penal.

Sumário

7   *Apresentação*
10 *Organização didático-pedagógica*

15 **Capítulo 1 – Cálculo de volumes de áreas e superfícies**
15 1.1 Sólidos e superfície de revolução
21 1.2 Comprimento de curvas dadas nas formas poligonal, paramétrica e polar

43 **Capítulo 2 – Integração de funções**
43 2.1 Funções integráveis
60 2.2 Função dada por integral

75 **Capítulo 3 – Funções de várias variáveis**
75 3.1 Funções reais
77 3.2 Limite e continuidade
80 3.3 Derivadas parciais
81 3.4 Funções diferenciáveis
82 3.5 Regra da cadeia
83 3.6 Derivada direcional
86 3.7 Máximos e mínimos

101 **Capítulo 4 – Sequências e séries de sequências**
101 4.1 Sequências numéricas
105 4.2 Limites de sequências
107 4.3 Série de potências
109 4.4 Sequências monótonas e critérios de convergência de Cauchy
113 4.5 Série geométrica e testes de convergência e divergência

123 **Capítulo 5 – Funções de integração duplas e triplas**
123 5.1 Aplicação de integrais duplas e triplas
133 5.2 Aplicações de coordenadas polares, esféricas e cilíndricas

151	Capítulo 6 – Integração de funções vetoriais
151	6.1 Funções vetoriais
153	6.2 Integrais de linha
156	6.3 Estudo de teoremas importantes
178	*Considerações finais*
179	*Referências*
180	*Bibliografia comentada*
182	*Respostas*
188	*Sobre os autores*

Apresentação

Ao elaborarmos este livro sobre cálculo diferencial e integral a várias variáveis, nosso propósito foi de tornar o aprendizado desse conteúdo agradável e interessante. Tentamos, assim, evitar que seja apenas mais um conteúdo para cumprir tarefas de estudo, mas que possa colaborar, efetivamente, com seu desenvolvimento intelectual, especificamente na área de exatas, na qual está inserida a disciplina de Matemática.

Entendemos que o conhecimento matemático não é estanque, mas que se aprofunda mediante o interesse pelo estudo e pela pesquisa dos conteúdos mencionados nesta obra, os quais constituem um complemento importante à formação cultural do homem moderno, não só em virtude do grande desenvolvimento científico e tecnológico do mundo atual e globalizado.

Nesse sentido, em cada capítulo buscamos mostrar, por meio de exemplos práticos e contextualizados que envolvem situações reais, como entender e compreender de que matemática esta obra trata e de que forma essa matemática pode e deve ser ensinada e aprendida. Nosso intuito é mostrar a importância de aprender uma matemática que seja conceituada como uma ciência meio, fazendo com que seja reconhecida enquanto disciplina como uma matemática utilitária, deixando de lado o conceito arraigado de uma disciplina que não possui aplicações práticas e corriqueiras em determinados fenômenos e contextos.

Para que esta obra cumpra com seu objetico, optamos por dar algumas orientações que julgamos fundamentais. Inicie sempre o estudo de cada capítulo com a leitura da introdução. A linguagem simples e a divisão do conteúdo em pequenos blocos, com títulos e subtítulos indicativos de seu conteúdo, facilitam essa tarefa. Procure compreender o tópico exposto, tentando evitar apenas memorizar as fórmulas, mas buscando compreendê-las e elaborá-las, o que auxilia e bastabte na construção do conhecimento.

Após o término da leitura do capítulo, passe à solução dos exercícios de fixação apresentados após os exemplos resolvidos. Esses exercícios são, geralmente, resolvidos com certa facilidade, colaborando para sedimentar o conhecimento em estudo e para incentivá-lo a prosseguir em outras atividades. Não passe para a seção seguinte nem tente resolver problemas mais elaborados antes de responder a todos os exercícios de fixação. O raciocínio não pode dar saltos muito grandes e esses exercícios foram propostos exatamente para você poder construir seus conhecimentos passo a passo.

Para facilitar a compreensão e a aprendizagem dos temas apresentados em capítulos, as atividades trazem exemplos práticos de fenômenos reais pelos quais ele pode elaborar funções e modelos matemáticos, além da aplicação de teoremas e critérios de análise matemática para interpretação e solução de cada um deles. Nossa expectativa é que, ao final deste livro, você consiga aplicar o conhecimento matemático em situações reais, percebendo que essas aplicações representam modelos que procuram traduzir a harmonia e a organização presentes na natureza.

Para isso, dedicamos atenção especial à apresentação dos capítulos, realizada de forma contextualizada, por meio de uma abordagem de conteúdos com exemplos práticos e desenvolvidos, que vão auxiliá-lo na resolução dos exercícios propostos na sequência de cada conteúdo.

Distribuímos, assim, os seis capítulos constantes nesta obra da seguinte forma: no Capítulo 1 introduzimos conceitos e fundamentos sobre o cálculo de volumes de áreas e superfícies, sólidos e superfície de revolução, comprimento de curvas dadas na forma retangular, paramétrica e polar e integração de funções. No Capítulo 2, abordamos os conteúdos sobre funções integráveis, integrais repetidas, integrais duplas, função dada por integral e integrais triplas.

Em seguida, no Capítulo 3, apresentamos uma sequência de conteúdos sobre funções de várias variáveis, funções reais, limite e continuidade, derivadas parciais, funções diferenciáveis, regra da cadeia, derivada direcional e máximos e mínimos. Já no Capítulo 4, direcionamos o estudo para as sequências e séries de sequências, sequências numéricas, limites de sequências, série de potências, sequências monótonas e critérios de convergência de Cauchy, séries geométricas e testes de convergência e divergência.

Abordamos no Capítulo 5, as funções de integração duplas e triplas, o estudo da aplicação de integrais duplas e triplas, as aplicações de coordenadas polares, esféricas e cilíndricas e os elementos esféricos. Finalizamos esta obra com o Capítulo 6, no qual apresentamos o estudo sobre vetores, integração de funções vetoriais, funções vetoriais, integrais de linha e suas propriedades, o estudo de teoremas importantes, como o Teorema de Green, o Teorema da Função Inversa, o Teorema da Função Implícita, o Teorema de Gauss e Stokes, o Teorema da Divergência (Gauss) e o Teorema de Stokes.

Ao final de cada capítulo, você conta com uma síntese do conteúdo abordado e atividades de autoavaliação relacionadas ao conteúdo estudado, com o objetivo de auxiliá-lo na aprendizagem para que você seja capaz de analisar o que apreendeu no estudo de cada capítulo e, assim, seguir para os próximos capítulos. Colocamos também, nas atividades de autoavaliação, perguntas de mediação qualitativa que julgamos necessárias para seu desenvolvimento no aprendizado. No final do livro, inserimos o gabarito das atividades propostas e as respostas do questionário de autoavaliação, que estão separadas por capítulo.

Bom estudo!

Esta seção tem a finalidade de apresentar os recursos de aprendizagem utilizados no decorrer da obra, de modo a evidenciar os aspectos didático-pedagógicos que nortearam o planejamento do material e como o aluno/leitor pode tirar o melhor proveito dos conteúdos para seu aprendizado.

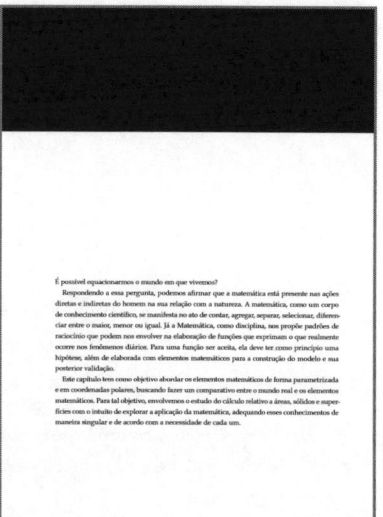

Introdução do capítulo
Logo na abertura do capítulo, você é informado a respeito dos conteúdos que nele serão abordados, bem como dos objetivos que os autores pretendem alcançar.

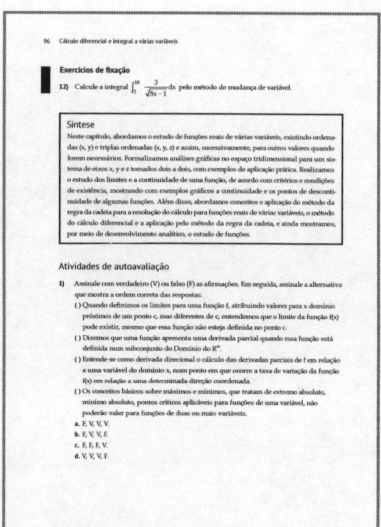

Síntese
Você conta, nesta seção, com um recurso que o instigará a fazer uma reflexão sobre os conteúdos estudados, de modo a contribuir para que as conclusões a que você chegou sejam reafirmadas ou redefinidas.

Atividades de autoavaliação
Com estas questões objetivas, você tem a oportunidade de verificar o grau de assimilação dos conceitos examinados, motivando-se a progredir em seus estudos e a se preparar para outras atividades avaliativas.

Atividades de aprendizagem
Aqui você dispõe de questões cujo objetivo é levá-lo a analisar criticamente determinado assunto e aproximar conhecimentos teóricos e práticos.

Bibliografia comentada

Nesta seção, você encontra comentários acerca de algumas obras de referência para o estudo dos temas examinados.

BIBLIOGRAFIA COMENTADA

MUNEM, M. A.; FOULIS, D. J. **Cálculo**. São Paulo: LTC, 1982. v. 2.

Esse livro destina-se aos cursos de graduação em Matemática para o estudo de cálculo numérico e oferece o fundamento indispensável em cálculo e geometria analítica para os estudantes de matemática, engenharia, física, química, economia e ciências biológicas. O livro tem como objetivos principais, expor todas as explicações com clareza e acessibilidade apropriadas, de modo que os alunos não tenham qualquer dificuldade na leitura e no aprendizado dos conteúdos, além de possibilitar que os estudantes apliquem os princípios aprendidos à resolução de problemas práticos. Para atingir estes objetivos, foram introduzidos novos tópicos, em linguagem informal e cotidiana, com ilustrações de exemplos simples e familiares. As definições formais e os teoremas técnicos foram introduzidos posteriormente, depois de os alunos terem a oportunidade de compreender os novos conceitos e apreciar que respectiva utilidade. Destacam-se, ainda, algumas características: a matéria é desenvolvida sistematicamente por intermédio de exemplos resolvidos e questões geométricas, seguidos por definições claras, demonstrações sequenciadas, enunciados precisos dos teoremas e demonstrações gerais. Os procedimentos detalhados das demonstrações ajudam o aluno a compreender técnicas importantes que causam, com frequência, bastantes dificuldades, como, por exemplo, o traçado de gráficos, mudanças de variáveis e integração por partes, em virtude do aprendizado de boa parte do cálculo se fazer por intermédio da resolução de problemas, destacando-se a dedicação especial dada ao conjunto de problemas no final de cada seção. São elencados também os conceitos e os instrumentos necessários aos estudantes de engenharia e de ciência. Em relação à organização, o livro é apresentado em volume único ou dividido em duas partes, e cada capítulo fornece uma revisão da matemática básica que precede o cálculo, incluindo desigualdades, coordenadas cartesianas, trigonometria e funções.

FLEMMING, D. M.; GONÇALVES, M. B. **Cálculo A:** funções, limites, derivações, integração. 5. ed. São Paulo: Pearson Makron, 1992.

Esse livro destina-se ao estudo do cálculo relacionado a limites de funções, técnicas de derivação e integração. Está dividido em oito capítulos, servindo de texto básico para os alunos de cálculo da primeira fase dos cursos das áreas tecnológicas e de ciências exatas. Também pode ser utilizado como texto suplementar para os alunos das áreas de economia e administração. Cada capítulo apresenta seções que abordam números reais e funções, os quais são considerados pré-requisitos para o acompanhamento do estudo de limite, derivada e integral. Os enunciados são claros em suas definições, propriedades e teoremas relativos ao assunto abordado. Sempre que possível, são apresentadas as correspondentes ideias intuitivas e geométricas, bem como

É possível equacionarmos o mundo em que vivemos?

Respondendo a essa pergunta, podemos afirmar que a matemática está presente nas ações diretas e indiretas do homem na sua relação com a natureza. A matemática, como um corpo de conhecimento científico, se manifesta no ato de contar, agregar, separar, selecionar, diferenciar entre o maior, menor ou igual. Já a Matemática, como disciplina, nos propõe padrões de raciocínio que podem nos envolver na elaboração de funções que exprimam o que realmente ocorre nos fenômenos diários. Para uma função ser aceita, ela deve ter como princípio uma hipótese, além de elaborada com elementos matemáticos para a construção do modelo e sua posterior validação.

Este capítulo tem como objetivo abordar os elementos matemáticos de forma parametrizada e em coordenadas polares, buscando fazer um comparativo entre o mundo real e os elementos matemáticos. Para tal objetivo, envolvemos o estudo do cálculo relativo a áreas, sólidos e superfícies com o intuito de explorar a aplicação da matemática, adequando esses conhecimentos de maneira singular e de acordo com a necessidade de cada um.

1 Cálculo de volumes de áreas e superfícies

1.1 Sólidos e superfície de revolução

No estudo da geometria espacial, os sólidos geométricos se originam da rotação 360° de uma figura plana em torno de um eixo principal determinado por uma reta. O sólido de revolução é obtido pelo giro de uma região plana limitada e descrita em torno de um eixo central, chamado também de *eixo de revolução*.

O giro de uma curva em torno de uma reta no plano resulta numa superfície de revolução. Nos gráficos a seguir, vamos determinar a área da superfície de revolução S, obtida quando uma curva C, de equação, em que x pertencente ao intervalo fechado [a, b], gira em torno do eixo das abscissas x.

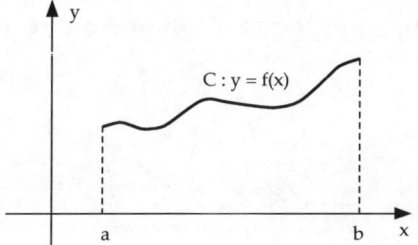

Fonte: Flemming; Gonçalves, 1992, p. 497.

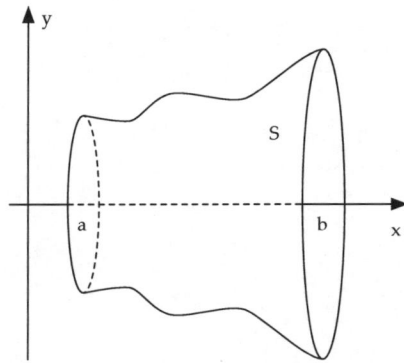

Fonte: Flemming; Gonçalves, 1992, p. 497.

Vamos considerar que $f(x) \geq 0$, para todo e qualquer x pertencente ao intervalo fechado [a, b], e que f é uma função derivável nesse intervalo.

Dividimos o intervalo [a, b] em n subintervalos através dos pontos, assim:
$$a = x_0 < x_1 < ... < x_{i-1} < x_i < ... < x_n = b$$

Os pontos $Q_0, Q_1, ..., Q_n$ sobre a curva C, quando unidos, formam uma linha poligonal que aproxima a curva C, como no gráfico abaixo.

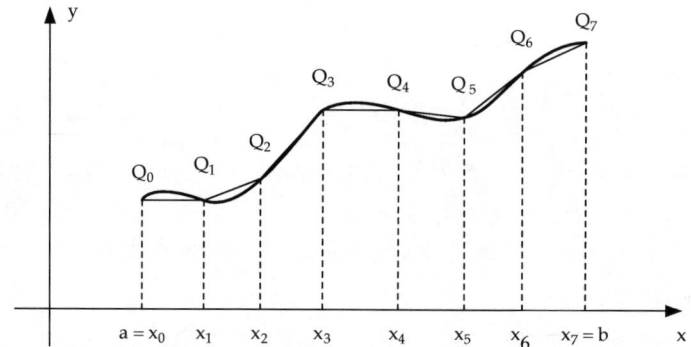

Fonte: Flemming; Gonçalves, 1992, p. 498.

Imagine que cada elemento de reta dessa linha poligonal gire em torno do eixo das abscissas x. A superfície de revolução obtida será, portanto, um tronco de cone, como pode ser visualizado no gráfico abaixo.

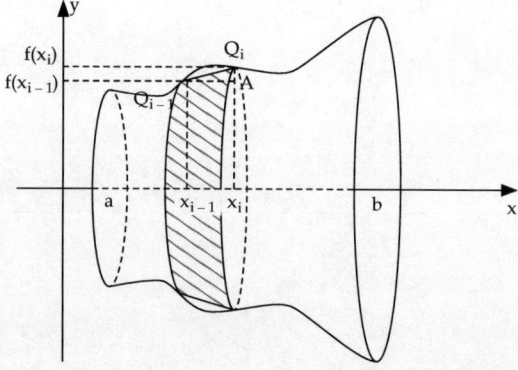

Fonte: Flemming; Gonçalves, 1992, p. 498.

A área lateral do tronco de cone é dada por A = $\pi \cdot (r_1 + r_2) \cdot L$, em que r_1 é o raio da base menor, r_2 é o raio da base maior e L é o comprimento da geratriz do tronco de cone:

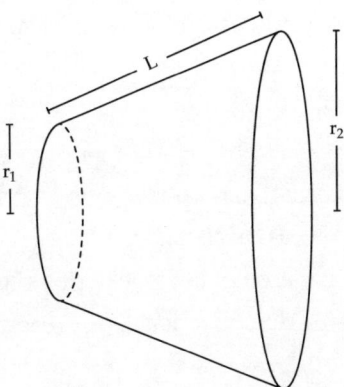

Fonte: Flemming; Gonçalves, 1992, p. 499.

A área lateral do tronco do cone apresentado na figura acima é dada por:

$$A_i = \pi\left[f(x_{i-1}) + f(x_i)\right]\Delta s_i =$$

$$= 2\pi\left[\frac{f(x_{i-1}) + f(x_i)}{2}\right]\Delta s_i =$$

$$= 2\pi\, f(c_i)\Delta s_i$$

Δs_i é o comprimento do segmento $\overline{Q_{i-1}Q_i}$ e c_i é um ponto no intervalo $[x_{i-1}, x_i]$, tal que:

$$f(c_i) = \frac{f(x_{i-1}) + f(x_i)}{2}$$

Pelo teorema do valor médio, garantimos a existência de c_i pertencente ao intervalo fechado $[x_{i-1}, x_i]$, pois a função f é contínua nesse intervalo.

No triângulo retângulo formado por Q_{i-1}, A, Q_i no gráfico, vemos que:

$$\Delta s_i = \sqrt{(x_i - x_{i-1})^2 + (f(x_i) - f(x_{i-1}))^2}$$

Considerando que f é derivável no intervalo fechado [a, b], e aplicando o teorema do valor médio em cada $[x_{i-1}, x_i]$, i = 1, ..., n, então, para cada i = 1, 2, ..., n existe um ponto $d_i \in (x_{i-1}, x_i)$, tal que:

$$f(x_i) - f(x_{i-1}) = f'(d_i) \cdot (x_i - x_{i-1}) = f'(d_i) \cdot \Delta x_i, \text{ em que } \Delta x_i = x_i - x_{i-1}$$

Pelo método da substituição, temos:

$$\Delta s_i = \sqrt{(\Delta x_i)^2 + [f'(d_i)]^2 \cdot (\Delta x_i)^2} = \sqrt{1 + [f'(d_i)]^2} \cdot \Delta x_i$$

Substituindo esse resultado na área, temos:

$$A_i = 2 \cdot \pi \cdot f(c_i)\sqrt{1+[f'(d_i)]^2}\Delta x_i$$

A expressão dada por A_i nos fornece a área lateral do tronco de cone gerado pela rotação em torno do eixo das abscissas, do segmento $\overline{Q_{i-1}Q_i}$. A soma das áreas laterais de todos os troncos de cone gerados pela rotação dos segmentos que compõem a linha poligonal é uma aproximação da área da superfície S, representada pela fórmula:

$$\sum_{i=1}^{n} A_i = 2\pi \sum_{i=1}^{n} f(c_i)\sqrt{1+[f'(d_i)]^2}\Delta x_i$$

Chegamos a uma observação importante: quando n aumenta consideravelmente e a variação Δx_i diminui, somando-se as laterais dos enes troncos do cone, percebemos a aproximação intuitiva tendendo à área da superfície S.

Definição I

Na equação da curva, em que $y = f(x)$, considerando-se f e sua derivada (f') contínuas num trecho de intervalo fechado [a, b] e sendo a função f(x) maior que e igual a zero, com x sendo um elemento que pertence ao intervalo [a, b], a área obtida na superfície S gerada pelo giro da curva C ao redor do eixo das abscissas x será definida por:

$$A = \lim_{\text{máx }\Delta x_i \to 0} 2\pi \sum_{i=1}^{n} f(c_i)\sqrt{1+[f'(d_i)]^2}\Delta x_i$$

Desconsideramos que a soma da função $f(x)\sqrt{1+[f'(x)]^2}$ seja a mesma compreendida por Riemann[1], pois aparecem dois pontos distintos c_i e d_i. No entanto, é possível mostrar que o limite é a integral dessa função. Logo, temos:

$$A = 2\pi \int_a^b f(x)\sqrt{1+[f'(x)]^2}\,dx$$

---

1 "Georg Riemann nasceu em 1826, numa aldeia de Hanover, na Alemanha. Seu pai conseguiu dar-lhe boa educação, primeiro na Universidade de Berlim e depois na de Göttingen. Obteve doutorado nessa última instituição, com uma brilhante tese no campo da teoria das funções complexas. Nessa tese, encontram-se as chamadas *equações diferenciais de Cauchy-Riemann* (conhecidas, porém, antes do tempo de Riemann), que garantem a analiticidade de uma função de variável complexa, e o produtivo conceito de *superfície de Riemann*, que introduziu considerações topológicas de análise. Riemann tornou claro o conceito de integrabilidade pela definição do que chamamos agora *integral de Riemann*, abrindo caminho, no século XX, para o conceito mais geral de integral de Lebesgue e, daí, para generalizações ulteriores da integral". (Eves, 2004, p. 613.)

De modo análogo, se, ao invés de uma curva y = f(x) girando em torno do eixo das abscissas x, considerarmos uma curva x = g(x), y ∈ [c, d] girando em torno do eixo das ordenadas y, a área será dada por:

$$A = 2\pi \int_c^d g(y)\sqrt{1+[f'(y)]^2}\,dy$$

Exemplo 1

Uma superfície de revolução é formada pela rotação de uma curva dada por $y = 4\sqrt{x}$, no intervalo fechado $\left[\dfrac{1}{4}, 4\right]$, em torno do eixo das abscissas x.

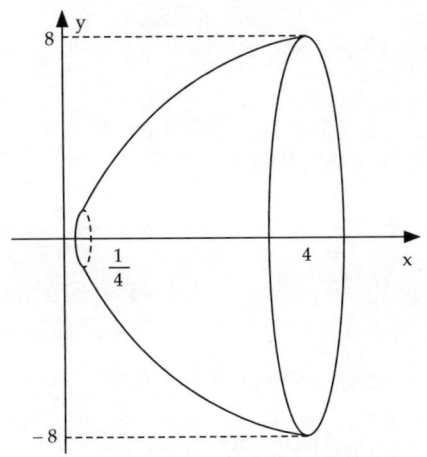

Calculamos a área da superfície fazendo:

$$A = 2\pi \int_a^b f(x)\sqrt{1+[f'(x)]^2}\,dx =$$

$$= 2\pi \int_{\frac{1}{4}}^{4} 4\sqrt{x}\sqrt{1+\frac{4}{x}}\,dx =$$

$$= 2\pi \int_{\frac{1}{4}}^{4} 4\sqrt{x}\,\frac{\sqrt{x+4}}{\sqrt{x}}\,dx =$$

$$= 8\pi \int_{\frac{1}{4}}^{4} \sqrt{x+4}\,dx = 8\pi \frac{(x+4)^{\frac{3}{2}}}{\frac{3}{2}}\bigg|_{\frac{1}{4}}^{4} =$$

$$= \frac{16\pi}{3}\left(8^{\frac{3}{2}} - \left(\frac{17}{4}\right)^{\frac{3}{2}}\right) =$$

$$= \frac{2\pi}{3}\cdot\left(128\sqrt{2} - 17\sqrt{17}\right) \text{ u.a.}$$

Fonte: Flemming; Gonçalves, 1992, p. 502.

Importante: para a unidade de área, utilizaremos a abreviatura *u.a.*, enquanto que, para a unidade de comprimento, utilizaremos *u.c.*

Exemplo 2

O gráfico abaixo mostra a área de uma superfície de revolução obtida após a rotação em torno do eixo das ordenadas. A expressão da curva é dada por $y = x^3$ e está determinada no intervalo fechado [0, 1].

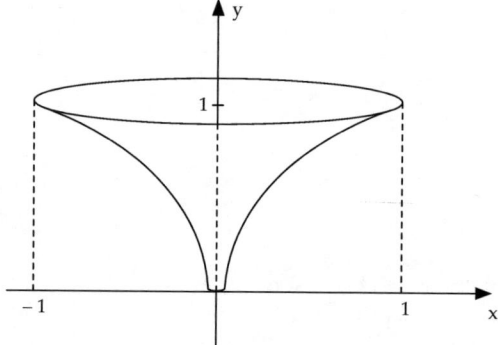

Fonte: Flemming; Gonçalves, 1992, p. 504.

Calculando a área dessa superfície, fazemos:

$$A = 2\pi \int_c^d g(y)\sqrt{1+[g'(y)]^2}\,dy =$$

$$= 2\pi \int_0^1 y^3 \sqrt{1+(3y^2)^2}\,dy =$$

$$= 2\pi \int_0^1 y^3 \sqrt{1+9y^4}\,dy$$

Calculando a integral indefinida $I = \int y^3 \sqrt{1+9y^4}\,dy$ e fazendo a substituição $u = 1 + 9y^4$, temos $du = 36y^3 dy$. Então:

$$I = \frac{1}{36}\int u^{\frac{1}{2}}\,du =$$

$$= \frac{1}{36} \cdot \frac{2}{3} \cdot u^{\frac{1}{2}} \cdot du =$$

$$= \frac{1}{54} \cdot (1+9y^4)^{\frac{3}{2}} + C$$

Portanto,

$$A = \frac{2\pi}{54} \cdot (1+9y^4)^{\frac{3}{2}} \Big|_0^1 = \frac{\pi}{27} \cdot (10\sqrt{10} - 1)\,\text{u.a.}$$

Exercícios de fixação

1) Considerando-se um arco de equação geral $y - 2x^3 = 0$ pertencente ao intervalo $0 \leq x \leq 2$, calcule a área da superfície gerada pela rotação desse arco em torno do eixo das abscissas.

2) Calcule a área de uma superfície cônica gerada pela revolução do segmento de reta dado pela equação $y = 4x$, no intervalo fechado $[0, 2]$, em torno dos eixos coordenados x e y.

1.2 Comprimento de curvas dadas nas formas poligonal, paramétrica e polar

Se considerarmos **C** uma curva de equação $y = f(x)$, em que a função f é contínua e derivável no intervalo fechado [a, b], isso nos permite determinar o comprimento do arco da curva C, de A até B:

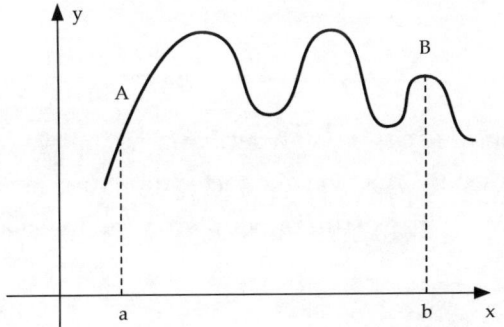

Fonte: Flemming; Gonçalves, 1992, p. 467.

Fazemos uma partição desse intervalo fechado [a, b] dado por:

$$a = x_0 < x_1 < x_2 < ... < x_{i-1} < x_i < ... < x_n = b$$

Sejam os pontos $Q_0, Q_1, ..., Q_n$ os correspondentes pontos sobre a curva C, fazemos a união dos pontos $Q_0, Q_1, ..., Q_n$ e obtemos uma poligonal, cujo comprimento nos fornece uma aproximação do comprimento do arco da curva C, de A até B.

O comprimento da poligonal, que iremos denotar por l_n, será representado por:

$$ln = \sum_{i=1}^{n} \sqrt{(x_i - x_{i-1})^2 + (f(x_i) - f(x_{i-1}))^2}$$

Em que:
- *ln* representa o logaritmo neperiano[2] da curva dada;
- Σ (ensigma) representa o somatório dos valores variando de um a ene;

---

2 O sistema de logaritmos neperianos possui como base o número irracional e (e = 2,718...). Esse sistema também é conhecido como sistema de logaritmos naturais, com a condição x > 0. Ele pode ser expresso por: $\log_e x = \ln x$.

- x_i e x_{i-1} representam os valores pertencentes ao domínio da função;
- $f(x_i)$ e $f(x_{i-1})$ representam os valores pertencentes à imagem da função.

Vejamos o seguinte gráfico:

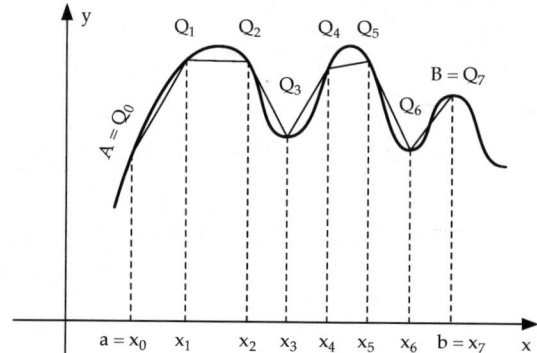

Fonte: Flemming; Gonçalves, 1992, p. 467.

Nessa análise, destacamos que a função f é derivável no intervalo fechado [a, b], e que, aplicando o teorema do valor médio – que nos diz que se uma função f é contínua num intervalo fechado [a, b] e derivável em (a, b), existirá um número C no intervalo aberto (a, b) –, sua derivada será dada por:

$$f'(c) = \frac{f(b) - f(a)}{b - a}$$

Então, em cada intervalo $[x_{i-1}, x_i]$, com i = 1, 2, ..., n, escrevemos:

$$f(x_i) - f(x_{i-1}) = f'(c_i) \cdot (x_i - x_{i-1})$$

Pelo método de substituição, obtemos o seguinte resultado:

$$l_n = \sum_{i=1}^{n} \sqrt{(x_i - x_{i-1})^2 + [f'(c_i)]^2 \cdot (x_i - x_{i-1})^2} =$$

$$= \sum_{i=1}^{n} \sqrt{1 + [f'(c_i)]^2} \cdot (x_i - x_{i-1}) =$$

$$= \sum_{i=1}^{n} \sqrt{1 + [f'(c_i)]^2} \cdot \Delta x_i$$

Em que: $\Delta x_i = x_i - x_{i-1}$.

A soma de Riemann da função é dada por $\sqrt{1 + [f'(x)]^2}$.

À medida que n cresce cada vez mais, observamos que a variação dada por Δx_i, $i = 1, 2, ..., n$ torna-se muito pequena, e ln aproxima-se do que intuitivamente entendemos como sendo o comprimento do arco da curva C, de A até B.

> ### Definição II
> Seja C uma curva de equação $y = f(x)$, em que f é uma função contínua e derivável no intervalo fechado [a, b], o comprimento do arco da curva C, do ponto A(a, f(a)) ao ponto B(b, f(b)), que denotamos por C, é dado por:
>
> $$C = \lim_{\text{máx}\Delta x_i \to 0} \sum_{i=1}^{n} \sqrt{1 + [f'(c_i)]^2} \, \Delta x_i \quad - \text{isso se o limite lateral à direita existir.}$$
>
> Podemos provar que se a função derivável, dada por f'(x), é contínua no intervalo fechado [a, b], o limite existe. Logo, pela definição da integral definida, temos:
>
> $$C = \int_a^b \sqrt{1 + [f'(x)]^2} \, dx$$

Exemplo 3

Vamos calcular o comprimento do arco da curva dada por $y = x^{\frac{3}{2}} - 4$, com os pontos de coordenadas A (1, −3) até o ponto B (4, 4).

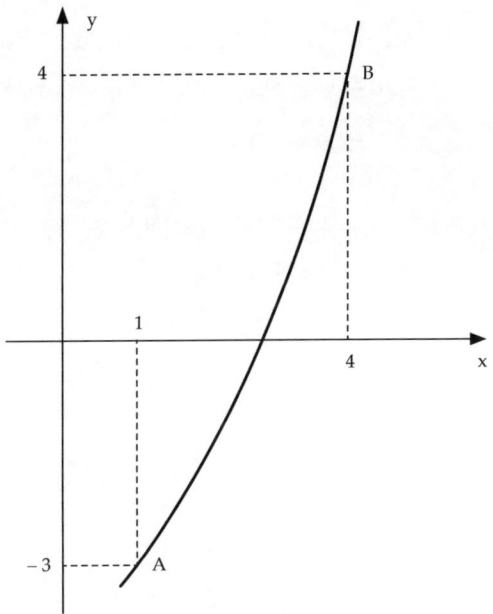

Fonte: Flemming; Gonçalves, 1992, p. 469.

Para essa solução, temos $y = x^{\frac{3}{2}} - 4$ e $y' = \frac{3}{2}x^{\frac{1}{2}}$. Fazendo a substituição, temos:

$$C = \int_1^4 \sqrt{1 + \left(\frac{3}{2}x^{\frac{1}{2}}\right)^2}\, dx =$$

$$= \int_1^4 \sqrt{1 + \frac{9}{4}x}\, dx$$

$$= \frac{4}{9} \cdot \frac{\left(1 + \frac{9}{4}x\right)^{\frac{3}{2}}}{\frac{3}{2}} \bigg|_1^4 =$$

$$= \frac{8}{27} 10^{\frac{3}{2}} - \frac{8}{27} \cdot \left(\frac{13}{4}\right)^{\frac{3}{2}} =$$

$$= \frac{80\sqrt{10} - 13\sqrt{13}}{27}$$

Logo, $\dfrac{80\sqrt{10} - 13\sqrt{13}}{27}$ u.c.

Exemplo 4

Vamos calcular para obter uma integral definida que nos dá o comprimento da curva, cuja função é $y = \cos 2x$, para $0 \leq x \leq \pi$. Para essa solução, temos $y = \cos 2x$, e sua derivada será dada por $y' = -2\,\text{sen}\,x$. Portanto, $C = \int_0^\pi \sqrt{1 + 4\text{sen}^2 2x}\, dx$.

Lembramos que podem ocorrer situações em que a curva C é dada por $x = g(y)$ em vez de $y = f(x)$. Nesse caso, o comprimento do arco da curva C de pontos $A(g(c)), c)$ até $B(g(d), d)$ é dado por $C = \int \sqrt{1 + [g'(y)]}\, dy$.

O gráfico abaixo mostra o comportamento da função:

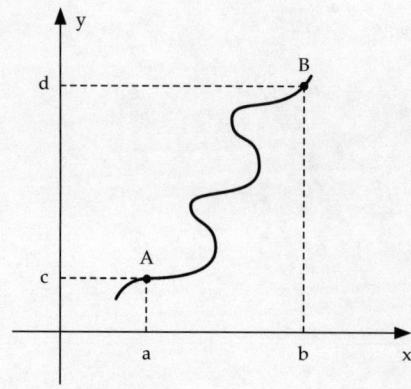

Fonte: Flemming; Gonçalves, 1992, p. 471.

Outra situação ocorre quando o comprimento do arco é dado por $x = \frac{1}{2}y^3 + \frac{1}{6y} - 1$, com $1 \leq y \leq 3$. Para essa solução, temos $g(y) = \frac{1}{2}y^3 + \frac{1}{6y} - 1$ e $g'(y) = \frac{3}{2}y^2 - \frac{1}{6y^2}$.

Portanto,

$$s = \int_1^3 \sqrt{1 + \left(\frac{3}{2}y^2 - \frac{1}{6y^2}\right)^2} \, dy =$$

$$= \int_1^3 \sqrt{\frac{(9y^4 + 1)^2}{36y^4}} =$$

$$= \int_1^3 \left(\frac{3}{2}y^2 + \frac{1}{6}y^{-2}\right) dy =$$

$$= \left(\frac{3}{2} \cdot \frac{y^3}{3} + \frac{1}{6} \cdot \frac{y^{-1}}{-1}\right)\bigg|_1^3 =$$

$$= \frac{118}{9}$$

Uma particularidade surge no estudo das áreas no que se refere ao comprimento de arco de uma curva plana dada por suas **equações paramétricas**[3].

Vamos calcular o comprimento do arco de uma curva C, dada na forma paramétrica, considerando-se as equações:

$\begin{cases} x = x(t) \\ y = y(t) \end{cases}$, $t \in [t_0, t_1]$, em que $x = x(t)$ e $y = y(t)$ são contínuas e suas derivadas serão também contínuas e $x'(t) \neq 0$ para todo $t \in [t_0, t_1]$.

Nesse caso, essas equações definem uma função $y = f(x)$, cuja derivada é dada por:

$$\frac{dy}{dx} = \frac{y'(t)}{x'(t)}$$

Para calcular o comprimento de arco de **C**, vamos fazer uma mudança de variáveis. Substituindo-se onde temos $x = x(t)$ e $d(x) = x'(t)dt$, obtemos:

$$s = \int_a^b \sqrt{1 + [f'(x)]^2} \, dx =$$

$$= \int_{t_0}^{t_1} \sqrt{1 + \left[\frac{y'(t)}{x'(t)}\right]^2} \, x'(t) dt$$

Em que: $x(t_0) = a$ e $x(t_1) = b$.

Portanto, $C = \int_{t_0}^{t_1} \sqrt{[x'(t)]^2 + [y'(t)]^2} \, dt$.

---

[3] Conjunto de equações que expressam um conjunto de quantidades como funções explícitas de número de variáveis.

Exemplo 5

As equações paramétricas destacam-se no cálculo de uma hipocicloide[4].

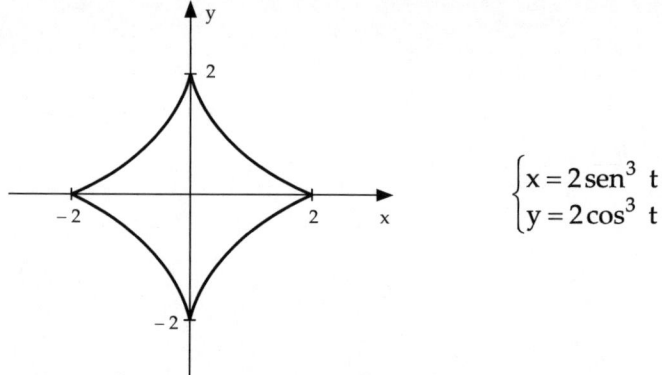

$$\begin{cases} x = 2\operatorname{sen}^3 t \\ y = 2\cos^3 t \end{cases}$$

Fonte: Flemming; Gonçalves, 1992, p. 473.

A curva dada pela figura é simétrica em relação aos eixos. Calculando o comprimento do arco que está descrito no primeiro quadrante, temos $\begin{cases} x = 2\operatorname{sen}^3 t \\ y = 2\cos^3 t \end{cases}$, $t \in [0, \frac{\pi}{2}]$.

Para solução, calculamos:

$x(t) = 2 \operatorname{sen}^3 t$, derivando-se, temos $x'(t) = 6 \operatorname{sen}^2 t \cos t$

$y(t) = 2 \cos^3 t$, derivando-se, temos $y'(t) = -6 \cos^2 t \operatorname{sen} t$

Considerando que $s = \int_0^1 \sqrt{[x'(t)]^2 + [y'(t)]^2}\, dt$, vamos ao desenvolvimento:

$$s = \int_0^1 \sqrt{[x'(t)]^2 + [y'(t)]^2}\, dt =$$

$$= \int_0^{\pi/2} \sqrt{(6\operatorname{sen}^2 t \cdot \cos t)^2 + (-6\cos^2 t \cdot \operatorname{sen} t)^2}\, dt =$$

$$= \int_0^{\pi/2} \sqrt{(36 \operatorname{sen}^4 t \cdot \cos^2 t + 36 \cos^4 t \cdot \operatorname{sen}^2 t}\, dt =$$

$$= \int_0^{\pi/2} \sqrt{36 \operatorname{sen}^2 t\ \cos^2 t}\, dt =$$

---

4 A hipocicloide é uma curva cíclica definida por um ponto de uma circunferência que rola, sem deslizar, dentro de um círculo diretor.

$$= 6 \cdot \frac{\operatorname{sen}^2}{2} \Big|_0^{\frac{\pi}{2}} =$$

$= 3$ u.c.

Concluímos, no cálculo da hipocicloide, que o resultado obtido para o primeiro quadrante, considerando-se a simetria da figura e o comprimento total da hipocicloide, será obtido pelo produto 4 · 3 = 12 (u.c.) unidades de comprimento, pois para o cálculo total consideramos que as quatro partes são de igual valor.

Para a obtenção do cálculo da área de uma região plana, sendo que as curvas que delimitam a região são dadas na forma paramétrica, dois casos são importantes:

Caso 1

Calculamos a área da figura plana S, que está limitada pelo gráfico a seguir, pelas retas x = a e x = b e pelo eixo das abscissas, considerando-se que y = f(x) é contínua e que f(x) ≥ 0 ∀ x ∈ [a, b], dadas as equações paramétricas:

$$\begin{cases} x = x(t) \\ y = y(t) \end{cases}, \quad t \in [t_0, t_1]$$

Considerando-se que $x(t_0) = a$ e $x(t_1) = b$, obtemos o gráfico:

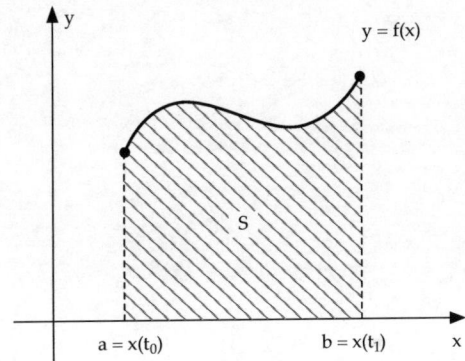

Fonte: Flemming; Gonçalves, 1992, p. 475.

Nesse caso, a área S é dada por:

$$S = \int_a^b f(x)\, dx = \int_a^b y\, dx$$

Aplicando-se o método de substituição de x = x(t); dx = x'(t) dt, obtemos:

$$S = \int_{t_0}^{t_1} y(t)\, x'(t)\, dt$$

Exemplo 6

Vamos desenvolver o cálculo da área da região limitada pela elipse, dadas as equações paramétricas $\begin{cases} x = 2 \cos t \\ y = 3 \operatorname{sen} t \end{cases}$.

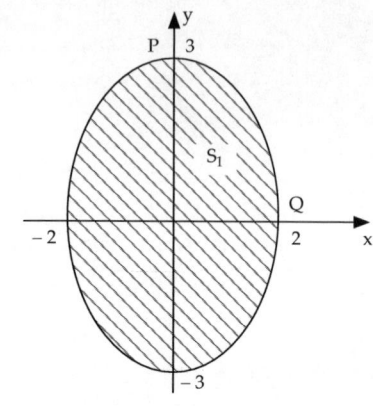

A elipse representada no gráfico ao lado apresenta simetria em relação aos eixos. Então, calculamos a área da região no primeiro quadrante, e posteriormente multiplicamos o resultado obtido pela quantidade de quadrantes, que nesse caso são quatro.

Fonte: Flemming; Gonçalves, 1992, p. 476.

Para o desenvolvimento desse cálculo, determinamos os limites de integração t_0 e t_1 e usamos as equações paramétricas da curva. Na elipse, observamos que x varia de 0 a 2. Assim, t_0 corresponde ao ponto P(0, 3) e t_1 corresponde ao ponto Q(2, 0).

No ponto P (0 , 3), temos:

$0 = 2 \cos t_0$;

$3 = 3 \operatorname{sen} t_0$.

Dessa forma, dizemos que $t_0 = \dfrac{\pi}{2}$.

No ponto Q (2 , 0), temos:

$2 = 2 \cos t_1$;

$0 = 3 \operatorname{sen} t_1$.

Portanto,

$$A_1 = \int_{\frac{\pi}{2}}^{0} 3 \operatorname{sen} t \cdot (-2 \operatorname{sen} t)\, dt =$$

$$= -\int_{\frac{\pi}{2}}^{0} -6 \operatorname{sen}^2 t\, dt =$$

$$= 6 \int_{\frac{\pi}{2}}^{0} \left(\frac{1}{2} - \frac{1}{2} \cos 2t \right) dt =$$

$$= 3 \cdot \left(t - \frac{1}{2} \operatorname{sen} 2t \right) \Big|_{0}^{\frac{\pi}{2}}$$

$$= \frac{3\pi}{2} \text{u.a.}$$

A área total da elipse será obtida multiplicando-se todos os quatro quadrantes pelo valor da unidade de área obtido no primeiro quadrante. Assim, temos $4 \cdot \frac{3\pi}{2} = \frac{12}{2}\pi = 6\pi$ (u.a).

Caso 2

Consideramos o desenvolvimento para o cálculo de área da figura plana limitada pelos gráficos de f e g, pelas retas x = a e x = b, em que f e g são funções contínuas no intervalo fechado [a, b], com f(x) ≥ g(x), ∀ x ∈ [a, b], cujas funções paramétricas de f e g são:

$$y_1 = f(x) = \begin{cases} x_1 = x_1(t) \\ y_1 = y_1(t) \end{cases}, \quad t \in [t_0, t_1]$$

e

$$y_2 = f(x) = \begin{cases} x_2 = x_2(t) \\ y_2 = y_2(t) \end{cases}, \quad t \in [t_2, t_3]$$

Em que: $x_1(t_0) = x_2(t_2) = a$ e $x_1(t_1) = x_2(t_3) = b$.

Pelo cálculo da área da região definida por duas retas, temos:

$$S = \int_b^a [f(x) - g(x)] \cdot dx =$$

$$= \int_b^a f(x) \cdot dx - \int_b^a g(x) \cdot dx =$$

$$= \int_{t_0}^{t_1} y_1(t) \cdot x'(t) \cdot dt - \int_{t_2}^{t_3} y_2(t) \cdot x'(t) \cdot dt$$

Exemplo 7

Vamos calcular a área entre duas elipses, sendo essas:

$$\begin{cases} x = 2 \cos t \\ y = 4 \operatorname{sen} t \end{cases} \quad e \quad \begin{cases} x = 2 \cos t \\ y = \operatorname{sen} t \end{cases}$$

Temos:

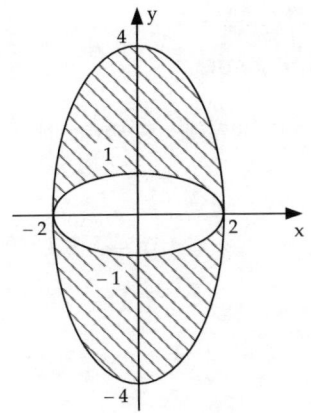

Fonte: Flemming; Gonçalves, 1992, p. 479.

Como solução, temos:

$$A = 4\int_{\frac{\pi}{2}}^{0}[4\,\text{sen}\,t \cdot (-2\,\text{sen}\,t) - \text{sen}\,t \cdot (-2\,\text{sen}\,t)] \cdot dt =$$

$$= 4\int_{\frac{\pi}{2}}^{0}(-8\,\text{sen}^2\,t + 2\,\text{sen}^2\,t) \cdot dt =$$

$$= -4\int_{\frac{\pi}{2}}^{0} -6\,\text{sen}^2\,t\,dt =$$

$$= 24\int_{\frac{\pi}{2}}^{0}\left(\frac{1}{2} - \frac{1}{2}\cos 2t\right) \cdot dt =$$

$$= 12\left(t - \frac{1}{2}\text{sen}\,2t\right)\Big|_{0}^{\frac{\pi}{2}} =$$

$$= 12 \cdot \frac{\pi}{2} =$$

$$= 6 \cdot \pi\ \text{u.a.}$$

Exercícios de fixação

3) Encontre o primeiro arco da curva dada por $y = 5x - 2$, no intervalo fechado $[-2, 2]$.

4) Calcule o comprimento de arco da curva dada na forma paramétrica $\begin{cases} x = t^3 \\ y = t^2 \end{cases}$, quando $1 \leq t \leq 3$.

5) Calcule o comprimento da hipocicloide, cujas funções paramétricas são $\begin{cases} x = 4\,\text{sen}^3\,t \\ y = 4\cos^3\,t \end{cases}$, $t \in [0, 2\pi]$.

No cálculo do comprimento de uma curva C dada pela sua equação polar $r = f(\theta)$, sabemos que:

$\begin{matrix} x = r \cdot \cos\theta \\ y = r \cdot \text{sen}\,\theta \end{matrix}$, substituindo $r = f(\theta)$, temos: $\begin{matrix} x = f(\theta) \cdot \cos\theta \\ y = f(\theta) \cdot \text{sen}\,\theta \end{matrix}$.

As duas equações podem ser consideradas paramétricas da curva C, para $\theta \in [\theta_0, \theta_1]$. Logo, podemos escrever:

$$\frac{dx}{d\theta} = f'(\theta)\cos\theta - f(\theta)\,\text{sen}\,\theta;\ \text{e}\ \frac{dy}{d\theta} = f'(\theta)\,\text{sen}\,\theta + f(\theta)\cos\theta.$$

Portanto,

$$\left(\frac{dx}{d\theta}\right)^2 + \left(\frac{dy}{d\theta}\right)^2 = (f'(\theta)\cdot\cos\theta - f(\theta)\cdot\text{sen}\,(\theta))^2 + (f'(\theta)\cdot\text{sen}\,\theta + f(\theta)\cdot\cos\theta)^2 =$$

$$= f'(\theta)^2 \cdot \cos\theta^2 - 2\cdot f'(\theta)\cdot f(\theta)\cdot\cos\theta\cdot\text{sen}\theta + f(\theta)^2 + f'(\theta)^2 \cdot\text{sen}^2\cdot\theta +$$
$$+ 2\cdot f'(\theta)\cdot f(\theta)\ \text{sen}\theta\cdot\cos\theta + f(\theta)^2\cdot\cos^2\theta =$$

$$= f'(\theta)^2 \cdot [\cos^2\theta + \text{sen}^2\,\theta] + f(\theta)\cdot[\cos^2\theta + \text{sen}^2\theta] =$$

$$= f'(\theta)^2 + f(\theta)^2$$

Considerando que o comprimento do arco de curva é dado pela fórmula genérica dos parâmetros $S = \int_{t_0}^{t_1} \sqrt{[x'(t)^2] + [y'(t)]^2}\,d\cdot t$ e substituindo os resultados na fórmula, obtemos:

$$S = \int_{\theta_0}^{\theta_1} \sqrt{f'(\theta)^2 + f(\theta)^2}\,d\cdot\theta$$

Exemplo 8

O gráfico seguinte representa um cardioide[5], cujo raio $r = 1 + \cos\theta$.

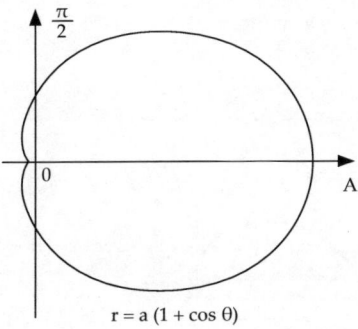

$r = a\,(1 + \cos\theta)$

Fonte: Flemming; Gonçalves, 1992, p. 520.

Calculando o comprimento, verificamos inicialmente a simetria em relação ao eixo polar[6]. Nesse caso, o cálculo será realizado somente no intervalo fechado $[0, \pi]$, ao qual o θ pertence.

---

5 Um cardioide é uma curva matemática cuja forma se assemelha à de um coração e, por esse motivo, recebe o nome derivado do grego kardioeides (kardia significa coração e eidos significa forma.
6 Eixo polar é um sistema de coordenas polares de coordenadas bidimensionais, no qual cada ponto de um plano é determinado por sua distância em relação a um ponto fixo e pela distância do ângulo em relação a uma direção fixa.

$$S = \int_0^\pi \sqrt{(-\operatorname{sen}\theta)^2 + (1+\cos\theta)^2}\ d\theta =$$

$$= \int_0^\pi \sqrt{\operatorname{sen}^2\theta + 1 + 2\cos\theta + \cos^2\theta}\ d\theta =$$

$$= \int_0^\pi \sqrt{2(1+\cos\theta)}\ d\theta =$$

$$= \int_0^\pi \sqrt{2}\sqrt{2\cos^2\frac{\theta}{2}}\ d\theta =$$

$$= \int_0^\pi 2\cdot\cos\frac{\theta}{2}\ d\theta =$$

$$= 2\cdot 2\ \operatorname{sen}\frac{\theta}{2}\ \Big|_0^\pi = 4\ \text{u.c.}$$

Exemplo 9

O gráfico seguinte apresenta o ângulo θ pertencente ao intervalo fechado [0, π]. Vamos calcular a integral que dá o comprimento da curva r = 1 − 2 cos θ.

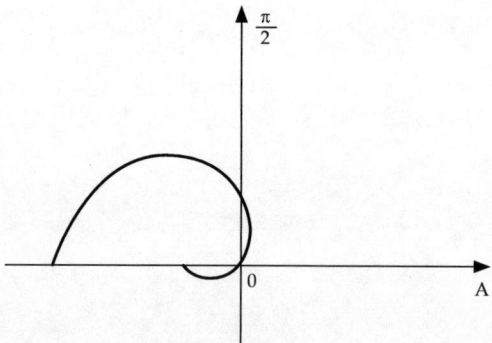

Fonte: Flemming; Gonçalves, 1992, p. 520.

Analisando a figura, percebemos que há uma simetria em relação ao eixo polar. Podemos, então, escrever:

$$S = 2\int_0^\pi \sqrt{(2\operatorname{sen}\theta)^2 + (1-2\cos\theta)^2}\ d\theta$$

$$= 2\int_0^\pi \sqrt{4\operatorname{sen}^2\theta + 1 - 4\cos\theta + 4\cos^2\theta}\ d\theta$$

$$= 2\int_0^\pi \sqrt{5 - 4\cos\theta}\ d\theta$$

Exemplo 10

Calculando o comprimento da espiral $r = e^\theta$, para um ângulo θ pertencente ao intervalo fechado $[0, 2\pi]$, temos:

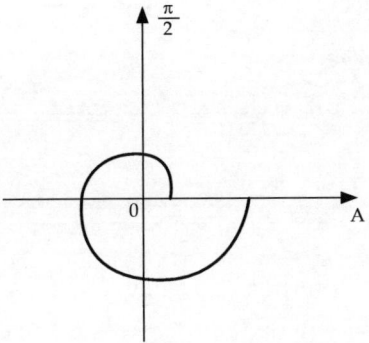

Fonte: Flemming; Gonçalves, 1992, p. 529.

$$S = \int_0^{2\pi} \sqrt{(e^\theta)^2 + (e^\theta)^2} \, d\theta =$$

$$= \int_0^{2\pi} \sqrt{2 \cdot e^{2\theta}} \, d\theta =$$

$$= \int_0^{2\pi} \sqrt{2} \cdot e^{2\theta} d\theta =$$

$$= \sqrt{2} \; e^\theta \Big|_0^{2\pi} =$$

$$= \sqrt{2} \cdot (e^{2\pi} - e^0) =$$

$$= \sqrt{2} \cdot (e^{2\pi} - 1) \text{u.c.}$$

Exercícios de fixação

6) Calcule o comprimento de arco de curva, considerando-se $r = e^\theta$, no intervalo em que $\theta = 0$ e $\theta = \dfrac{\pi}{3}$.

7) Calcule o comprimento de arco de curva, em que $r = 2 \cdot a \cdot \text{sen}\theta$.

No cálculo das áreas com coordenadas polares, o interesse é encontrar a área da figura delimitada por retas $\theta = \alpha$ e $\theta = \beta$ e por uma curva $r = f(\theta)$:

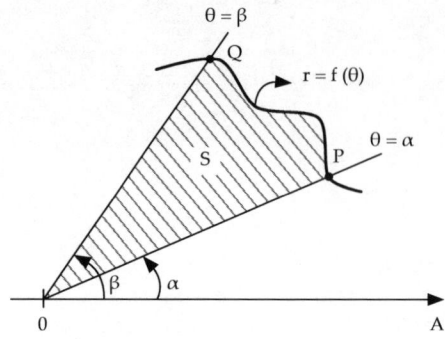

Fonte: Flemming; Gonçalves, 1992, p. 530.

Considerando-se f uma função contínua e não negativa em um intervalo fechado $[\alpha, \beta]$, fazemos uma partição P no intervalo $[\alpha, \beta]$ dada por: $\alpha = \theta_0 < \theta_1 < \theta_2 < ... < \theta_{i-1} < \theta_i < ... < \theta_n = \beta$.

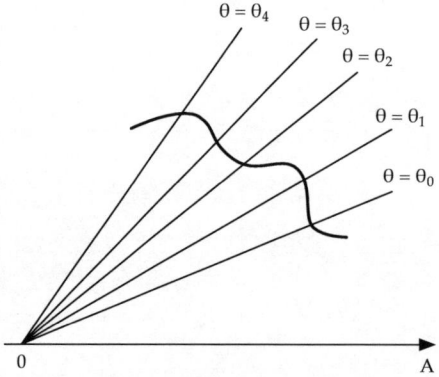

Fonte: Flemming; Gonçalves, 1992, p. 531.

Para cada subintervalo $[\theta_{i-1}, \theta_i]$, $i = 1, ..., n$, vamos considerar um setor circular de raio $f(\rho_i)$, ângulo central $\Delta\theta_i$, em que $\theta_{i-1} < \rho_i < \theta_i$ e $\Delta\theta_i = \theta_i - \theta_{i-1}$

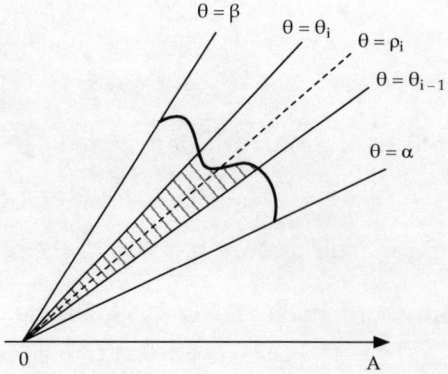

Fonte: Flemming; Gonçalves, 1992, p. 531.

A área do i-ésimo setor circular é dada por:

$$\frac{1}{2}\left[f(\rho_i)\right]^2 \Delta\theta_i$$

assim, o valor aproximado para área A_n será:

$$A_n = \sum_{i=1}^{n} \frac{1}{2}\left[f(\rho_i)\right]^2 \Delta\theta_i = \frac{1}{2}\sum_{i=1}^{n}\left[f(\rho_i)\right]^2 \Delta\theta_i$$

No cálculo da área, observamos que à medida que n cresce para cada variação $\Delta\theta_i$, os i-ésimos i = 1, ..., n setores circulares tornam-se muito pequenos. Por essa análise, intuitivamente dizemos que A_n aproxima-se da região delimitada $\theta = \alpha$, $\theta = \beta$ e $r = f(\theta)$.

Portanto, podemos escrever a área da seguinte forma:

$$A = \lim_{\text{máx}\Delta x_i \to 0} \frac{1}{2} \sum_{i=1}^{n} [f(\rho_i)]^2 \Delta\theta_i \quad \text{ou} \quad A = \frac{1}{2}\int_{\alpha}^{\beta}\left[f(\theta)\right]^2 d\theta$$

Exemplo 11

Vamos calcular a área da região S, limitada pelo gráfico cuja função é dada por $r = 3 + 2\,\text{sen}\,\theta$. Pelo gráfico a seguir, há uma simetria em relação ao eixo $\frac{\pi}{2}$:

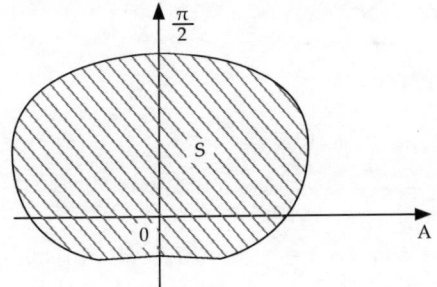

Fonte: Flemming; Gonçalves, 1992, p. 533.

Portanto, escrevemos a área da seguinte forma:

$$A = 2 \cdot \frac{1}{2}\int_{-\frac{\pi}{2}}^{\frac{\pi}{2}} (3 + 2\,\text{sen}\,\theta)^2 d\theta = \int_{-\frac{\pi}{2}}^{\frac{\pi}{2}} (9 + 12\,\text{sen}\,\theta + 4\,\text{sen}^2\theta)\, d\theta =$$

$$= \int_{-\frac{\pi}{2}}^{\frac{\pi}{2}} \left(9 + 12\,\text{sen}\,\theta + 4 \cdot \frac{1 - \cos 2\theta}{2}\right) d\theta = 9\theta - 12\,\cos\,\theta + 2\left(\theta - \frac{1}{2}\text{sen}\,2\theta\right)\Bigg|_{-\frac{\pi}{2}}^{\frac{\pi}{2}} =$$

$$= 9 \cdot \frac{\pi}{2} + 2 \cdot \frac{\pi}{2} - 9 \cdot \frac{-\pi}{2} - 2 \cdot \frac{-\pi}{2} = 11\pi \text{ (u.a.)}$$

Exemplo 12

Ao calcular a área da região S, interior à circunferência de raio r = 2 cos θ e exterior à cardioide de raio r = 2 − 2 cos θ, fazendo um sistema de equação, temos:

$$\begin{cases} r = 2\ \cos\theta \\ r = 2 - 2\ \cos\theta \end{cases}$$ que representam onde encontramos os pontos de intersecção das duas curvas.

Assim,

$$2 = \cos\theta = 2 - 2\ \cos\theta = 4\cos\theta = 2 = \cos\theta = \frac{1}{2}$$

Logo, os pontos de intersecção serão $\theta = \frac{\pi}{3}$ e $\theta = \frac{5\pi}{3}$.

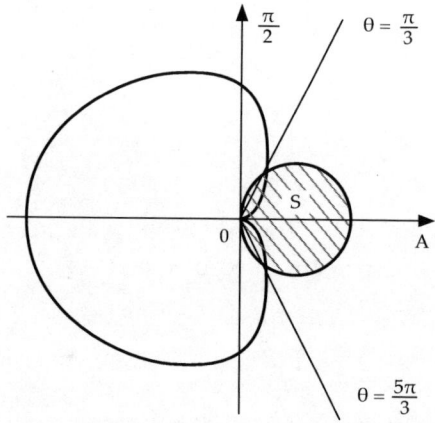

Fonte: Flemming; Gonçalves, 1992, p. 534.

Como há simetria, geometricamente podemos visualizar que a área será dada por $A = 2 \cdot (A_1 - A_2)$, como $A_1 = \frac{1}{2}\int_0^{\frac{\pi}{3}} (2\cos\theta)^2 d\theta$ e $A_2 = \frac{1}{2}\int_0^{\frac{\pi}{3}} (2 - 2\cos\theta)^2 d\theta$. Assim, temos:

$$A = \int_0^{\frac{\pi}{3}} [(2\cos\theta)^2 - (2 - 2\cos\theta)^2] d\theta = \int_0^{\frac{\pi}{3}} (4\cos^2\theta - 4 + 8\cos\theta - 4\cos^2\theta)\, d\theta =$$

$$= \int_0^{\frac{\pi}{3}} (8\cos\theta - 4)\, d\theta = 8\ \text{sen}\ \theta - 4\ \theta \Big|_0^{\frac{\pi}{3}} =$$

$$= 8\ \text{sen}\ \frac{\pi}{3} - 4\ \frac{\pi}{3} = 4\sqrt{3} - \frac{4\pi}{3}\ \text{u.a.}$$

Exercícios de fixação

8) Encontre a área da região limitada pelo laço interno da limaçon[7] $r = 1 + 2\operatorname{sen}\theta$.

9) Encontre a área da região interior ao círculo $r = 10$ e à direita da reta $r\cos\theta = 6$.

10) Calcule a área da região entre as curvas $2r = 3$ e $r = 3\operatorname{sen}\theta$.

Síntese

Neste capítulo, estudamos os sólidos e as superfícies de revolução. Aprendemos que os sólidos são formados por rotações de curvas em torno de um eixo principal (geratriz) que pode estar posicionado horizontalmente, verticalmente ou inclinado sobre um plano. Abordamos, por meio da aplicação do cálculo de derivações em intervalos, os conceitos sobre equações paramétricas e coordenadas polares no estudo do cálculo de área, superfície e volume para curvas descritas no plano de coordenadas x (abscissa) e y (ordenada). O reconhecimento da simetria se deu em gráficos com curvas hiperbólicas, elípticas, espirais e em hipocicloides.

Atividades de autoavaliação

1) Indique se as afirmações a seguir são verdadeiras (V) ou falsas (F):

( ) No estudo da geometria espacial, os sólidos geométricos se originam da rotação 360° de uma região R plana e limitada, em torno de um eixo principal que também chamamos de *eixo de revolução*.

( ) Ao considerarmos uma função $f(x) \geq 0$ para todo e qualquer valor de x pertencente ao intervalo fechado [a, b] e sendo f uma função derivável nesse intervalo, pode-se afirmar que a função $f(x)$, ao girar em torno de uma reta descrita num plano, resultará numa superfície de revolução localizada em x, y.

( ) O teorema do valor médio é válido se, e somente se, garantirmos a existência de c_i pertencente ao intervalo fechado $[x_{i-1}, x_i]$, pois a função f é contínua nesse intervalo.

( ) No estudo das áreas, o comprimento de arco de uma curva escrita no plano e dadas suas equações paramétricas contínuas $x = x(t)$ e $y = y(t)$, dizemos que suas derivadas serão também contínuas e que $x'(t) \neq 0$ para todo $t \in [t_0, t_1]$.

Agora, assinale a alternativa que corresponda corretamente à sequência obtida:

a. V, F, V, F.
b. V, F, V, V.

---

[7] O limaçon ou caracol de Pascal é uma concoide de uma circunferência que passa pelo polo. É um tipo de epitrocoide. Um caso particular de limaçon são as cardioides.

c. V, V, F, F.
d. V, V, V, F.

2) Assinale a alternativa que melhor define a representação de uma hipocicloide:
   a. Uma curva senoidal definida por um arco de circunferência, que se desenvolve no primeiro quadrante no intervalo [–1, 1].
   b. Uma curva finita definida num intervalo fechado [a, b] rotacionada perpendicularmente em torno de um eixo central paralelo a um ponto de abscissa x arbitrário.
   c. Uma curva cíclica definida por um ponto de uma circunferência que rola, sem deslizar, dentro de um círculo diretor.
   d. Uma curva que apresenta um ponto de circunferência que desenvolve rotação de 360° em torno do seu próprio eixo.

3) Indique se as afirmações a seguir são verdadeiras (V) ou falsas (F):
   ( ) Uma elipse apresenta simetria em relação aos eixos x e y, respectivamente. Então, pode-se obter o cálculo da área total, calculando a área da região no primeiro quadrante, e posteriormente multiplicando o resultado obtido pela quantidade de quadrantes, que é igual a quatro.
   ( ) No cálculo aplicado a uma hipocicloide, o resultado obtido para o primeiro quadrante poderá ser multiplicado pela quantidade de partes simétricas pertencentes à hipocicloide.
   ( ) Uma função f(x) quando derivável no intervalo fechado em ambos os extremos admite aplicação do teorema do valor médio para cada elemento fora do intervalo.
   ( ) Um cilindro é considerado um sólido de revolução, pois o giro de uma curva em torno de uma reta posicionada num plano horizontal resultará numa superfície de revolução.

   Agora, assinale a alternativa que corresponda corretamente à sequência obtida:
   a. F, V, V, V.
   b. V, F, F, F.
   c. V, V, V, V.
   d. V, V, F, F.

4) Indique se as afirmações a seguir são verdadeiras (V) ou falsas (F):
   ( ) Considerando-se uma função **f** derivável num intervalo fechado **[a, b]**, segundo o teorema do valor médio, se uma função **f** é contínua num intervalo fechado **[a, b]** e derivável em **(a, b)**, existirá um número **C** no intervalo aberto **(a, b)**.

( ) Considerando-se uma função **f** derivável num intervalo fechado **[a, b]**, segundo o teorema do valor médio, se uma função **f** é contínua num intervalo fechado **[a, b]** e derivável em **(a, b)**, não poderá existir um número **C** no intervalo aberto **(a, b)**.

( ) Considerando-se o cálculo da área S, que representa a lateral do tronco de um cone gerado pela rotação em torno do eixo das abscissas, cujo segmento é $\overline{Q_{i-1}Q_i}$, pode-se dizer que a soma das áreas laterais de todos os troncos de cone gerados pela rotação dos segmentos que compõem a linha poligonal gera um afastamento da precisão para o cálculo da área da superfície S.

( ) No entendimento a respeito da soma de Riemann, é correto afirmar que se f(x) é uma função derivável e contínua num intervalo fechado **[a, b]**, existirá um número **C** no intervalo aberto **(a, b)** também derivável.

Agora, assinale a alternativa que corresponda corretamente à sequência obtida:
a. F, V, F, F.
b. V, F, F, V.
c. V, F, F, F.
d. F, V, V, V.

5) Assinale a alternativa que está **incorreta** em relação ao cálculo de área, volume e superfície de revolução:
   a. Uma circunferência é definida como uma região plana com pontos extremos que a delimitam e são equidistantes de um ponto fixo central chamado de *origem*, o qual pode ser rotacionado em 360° no sentido horário e anti-horário.
   b. O cilindro é um sólido geométrico que resulta no giro de 360° em torno de um eixo geratriz em ambos os sentidos, horário ou anti-horário.
   c. Uma hipocicloide pode ser considerada como a quarta parte de uma circunferência que descreve movimentos circulares em torno de um eixo simétrico.
   d. Uma hipocicloide resulta do movimento desenvolvido por uma curva cíclica definida por um ponto de uma circunferência que rola, sem deslizar, dentro de um círculo diretor.

Atividades de aprendizagem

Questões para reflexão

1) O universo é formado por elementos tridimensionais que apresentam volume. No entanto, em geometria é possível demonstrar esses elementos tridimensionais em uma superfície bidimensional. A geometria euclidiana garante que a soma interna dos ângulos de

um triângulo qualquer é igual a 180°. Existirá uma geometria diferente da geometria de Euclides em que a somados ângulos internos e um triângulo poderá ultrapassar o valor de 180°?

2) No estudo das áreas e superfícies de revolução e no cálculo do volume dos sólidos, será possível encontrar uma matemática não formalizada institucionalmente, mas que pode ser reconhecida e praticada por diferentes povos, grupos e culturas e que pode apresentar um modo de pensar matemático com diferenças e semelhanças? Para responder a isso, sugerimos leitura e pesquisa no campo de estudo da etnomatemática[8]. Algumas sugestões de leitura:

D'AMBRÓSIO, U. **Da realidade à ação**: reflexões sobre educação e matemática. São Paulo: Summus, 1986.

D'AMBRÓSIO, U. **Etnomatemática**: elo entre as tradições e a modernidade. Belo Horizonte: Autêntica, 2001.

HALMENSCHLAGER, V. L. da S. **Etnomatemática**: uma experiência educacional. São Paulo: Selo Negro Edições, 2001.

Atividades aplicadas: prática

1) A geometria euclidiana defende que a soma dos ângulos internos de um triângulo é igual a 180°. É possível a existência de um triângulo retângulo cuja soma dos ângulos internos seja maior que 180°? Para dar resposta a esse questionamento, realize uma pesquisa sobre a soma dos ângulos internos de um triangulo retângulo envolvendo as geometrias euclidiana e não euclidiana. Sugerimos os estudos realizados pelos matemáticos Bernhard Riemann, Nikolai Lobachevsky e Edward Eves. Sobre esse tema, sugerimos também pesquisas em outras fontes, como anais de eventos e periódicos voltados para o campo de estudo em educação matemática.

---

8 Indivíduos e povos têm, ao longo de suas existências e ao longo da história, criado e desenvolvido instrumentos de reflexão, de observação, instrumentos materiais e intelectuais, [que chamamos *ticas*] para explicar, entender, conhecer, aprender para saber e fazer [que chamamos *matema*] como resposta à necessidade de sobrevivência e de transcendência em diferentes ambientes naturais, sociais, e culturais [que chamamos *etnos*]. (D'Ambrósio, 2007, p. 60)

Neste capítulo, abordamos o estudo das integrais de algumas funções de duas ou mais variáveis. Entendemos que, para isso, seja necessário desenvolver a noção de cálculo de uma integral definida para uma variável, e que, de modo natural, esse mesmo cálculo pode ser usado para funções com mais de uma variável, o que chamamos aqui de *integrais múltiplas*. É sabido que muitas integrais múltiplas podem ser encontradas em aplicações elementares envolvendo a geometria e, consequentemente, em algumas ciências físicas que podem ser calculadas em termos de integrais repetidas, ou seja, as integrais repetidas podem estar definidas num sistema de coordenadas cartesianas, polares, cilíndricas ou esféricas. No objetivo do estudo da integração das funções, introduzimos algumas integrais de relevante estudo, como, por exemplo, integrais de linha, de superfície e os teoremas de Green, Stokes e o Teorema da Divergência. No decorrer deste capítulo, há exercícios resolvidos que vão auxiliá-lo no estudo e na compreensão do estudo das integrais em algumas funções.

2
Integração de funções

2.1 Funções integráveis

No estudo das funções com uma única variável, introduzimos o estudo da integral definida (Riemann). Neste tópico, a noção de uma integral definida será estendida para duas ou mais variáveis de modo que iremos obter, assim, **integrais múltiplas**. Muitas dessas integrais múltiplas também são possíveis de aplicar em diversas áreas do conhecimento, especificamente na geometria e nas ciências físicas.

Começamos pelas integrais repetidas, conceituando que, para calcularmos derivadas parciais de funções de várias variáveis, consideramos uma das variáveis independentes como constante, diferenciando-se das várias variáveis restantes. Do mesmo modo, é possível considerar uma integral indefinida como uma função em relação a uma dessas variáveis, enquanto consideramos temporariamente as variáveis restantes como constantes.

No estudo das funções integráveis, temos alguns processos. Vamos ver alguns deles.

2.1.1 Integrais repetidas

Exemplo 1

Consideremos as seguintes integrais:

$$\int x^2 y^3 dx = y^3 \int x^2 dx = y^3 \frac{x^3}{3} + C \text{ e } \int x^2 y^3 dy = x^2 \int y^3 dx = y^3 \frac{x^4}{4} + K$$

Na integração, é evidenciado o diferencial dx ou dy sob o traço da integral. No cálculo $\int x^2 y^3 dx$, levamos temporariamente em consideração o y como constante; porém, os valores fixados para y podem requerer distintos valores da constante de integração C. Escrevemos a dependência de C por y, representando por C(y), podendo considerá-lo como uma constante de integração com uma função y e escrever $\int x^2 y^3 dx = \frac{x^3 y^3}{3} + C(y)$. De modo igual, integrando em relação a y, temos: $\int x^2 y^3 dy = \frac{x^2 y^4}{4} + K(x)$.

As integrais demonstradas nos exemplos são por vezes análogas para integração indefinida das derivadas parciais por diferenciação, e, com isso, as chamamos de *integrais parciais*.

A variável de integração fica evidenciada pela diferencial dx ou dy sob o traço da integral. No cálculo, é visto que em $\int x^2 y^3 dx$ escolhemos temporariamente y para ser constante, contudo os valores fixos diferentes de y poderiam requerer diferentes valores da constante da integração C. A dependência de C por y poderá ser indicada escrevendo na forma de C(y) ao invés de C, o que quer dizer que podemos considerar a constante de integração como uma função de y. Escrevemos, então:

$$\int x^2 y^3 dx = \frac{x^3 y^3}{3} + C(y)$$

Da mesma forma, fazendo a integração em relação a y, escrevemos

$$\int x^2 y^3 dy = \frac{x^2 y^4}{4} + K(x)$$

Essas integrais mostradas no exemplo são propositalmente análogas para integração indefinida das derivadas parciais por diferenciação, e podem ser chamadas de *integrais parciais*. No entanto, a literatura nos permite chamá-las de *integrais em relação a x* ou *integrais em relação a y*.

Exemplo 2

Dado $\int f(x,y) \, dx$ e $\int f(x,y) \, dy$, e a função $f(x, y) = x \cos y$, calculando, temos:

$$\int f(x,y) \, dx = \int x \, \cos \, y \, dx = \cos y \int x \, dx = \frac{x^2}{2} \cos \, y + C(y)$$

$$\int f(x,y) \, dy = \int x \, \cos \, y \, dy = x \int \cos y \, dy = x \, \text{sen} \, y + K(y)$$

C $\int f(x,y) \, dx$ e $\int f(x,y) \, dy$, considerando a função $f(x,y) = x \cos y$.

Assim, temos:

$$\int f(x,y) \, dx = \int x \, \cos \, y \, dx = \cos y \int x \, dx = \frac{x^2}{2} \cos \, y + C(y),$$

$$\int f(x,y) \, dy = \int x \, \cos \, y \, dy = x \int \cos y \, dy = x \, \text{sen} \, y + K(y)$$

Supondo-se que f seja uma função de duas variáveis, de modo que, para cada valor fixo de y, f(x,y) seja integrável de x, para cada valor fixo de y podemos formar a integral definida:

$$\int_a^b f(x,y) dx$$

Podemos dizer ainda que, para diferentes valores fixos de y, podemos usar diferentes limites de integração a e b. O que queremos dizer é que a e b podem depender de y. Entretanto, essa dependência pode ser indicada pela notação usual de função, e a integral torna-se:

$$\int_{a(y)}^{b(y)} f(x,y)dx$$

Exemplo 3
Ao calcular $\int_{\ln y}^{y^2} ye^{xy}dx$, fazendo y temporariamente constante e integrando em relação a x, obtemos:

$$\int ye^{xy}dx = \frac{ye^{xy}}{y} + C(y) = e^{xy} + C(y), \text{ portanto}$$

$$\int_{\ln y}^{y^2} ye^{xy}dx = \left[e^{xy} + C(y)\right]\Big|_{\ln y}^{y^2} = \left[e^{y^2 x} + C(y)\right] - \left[e^{(\ln y)y} + C(y)\right] =$$

$$= e^{y^3} - e^{y\ln y} + C(y) - C(y) = e^{y^3} - y^y$$

Nesse exemplo, observe que C(y) é cancelado naturalmente no processo de integração definida. Assim, quando existem integrais definidas, não há necessidade de mostrar a constante de integração. É relevante a observação de que a integração se dá em relação a x, e, portanto, os limites de integração deverão ser substituídos por x após a realização da integral indefinida. Vejamos a demonstração, escrevendo:

$$\int_{x=a(y)}^{x=b(y)} f(x,y)\ dx = \left[\int f(x,y)\ dx\right]\Big|_{x=a(y)}^{x=b(y)} \text{ e } \int_{y=g(x)}^{y=h(x)} f(x,y)\ dy = \left[\int f(x,y)\ dy\right]\Big|_{y=g(x)}^{y=h(x)}$$

Observamos, nesse exemplo, que a constante de integração C(y) cancela-se normalmente durante a integração definida. Portanto, quando temos integrais definidas, não há necessidade de escrevermos a constante de integração. Outra consideração é que a integração se dá em relação a x; logo, os limites de integração devem ser substituídos por x, depois de realizada a integral indefinida. Podemos demonstrar, escrevendo:

$$\int_{x=a(y)}^{x=b(y)} f(x,y)\ dx = \left[\int f(x,y)\ dx\right]\Big|_{x=a(y)}^{x=b(y)} \text{ e } \int_{y=g(x)}^{y=h(x)} f(x,y)\ dy = \left[\int f(x,y)\ dy\right]\Big|_{y=g(x)}^{y=h(x)}$$

A quantidade $\int_{y=g(x)}^{y=h(x)} f(x,y)\ dy$ necessariamente dependerá de x, enquanto que a quantidade $\int_{x=a(y)}^{x=b(y)} f(x,y)\ dx$ necessariamente dependerá de y. Consequentemente, definem-se F e G as únicas variáveis x e y do processo, dadas as suas equações:

$$F(x) = \int_{y=g(x)}^{y=h(x)} f(x,y)\ dy \text{ e } G(y) = \int_{x=a(y)}^{x=b(y)} f(x,y)\ dx$$

Em alguns casos, essas funções F e G por si mesmas são integráveis, o que nos permite escrevê-las:

$$\int_{x=c}^{x=d} F(x)\ dx = \int_{x=c}^{x=d} \left[\int_{y=g(x)}^{y=h(x)} f(x,y)\ dy\right] dx \text{ e } \int_{y=c}^{y=d} G(y)\ dy = \int_{x=c}^{x=d} \left[\int_{x=a(y)}^{x=b(y)} f(x,y)\ dx\right] dy$$

Essas integrais, chamadas, como vimos, de *integrais repetidas*, são comumente escritas com ausência dos colchetes e com a mais simples notação para os limites de integração. Logo:

$$\int_c^d \int_{g(x)}^{h(x)} f(x,y)\ dy\ dx = \int_{x=c}^{x=d} \left[\int_{y=g(x)}^{y=h(x)} f(x,y)\ dy\right] dx$$

e

$$\int_c^d \int_{a(y)}^{b(y)} f(x,y)\ dx\ dy = \int_{y=c}^{y=d} \left[\int_{x=a(y)}^{x=b(y)} f(x,y)\ dx\right] dy$$

Na intenção de calcular $\int_c^d \int_{g(x)}^{h(x)} f(x,y)\ dy\ dx$, inicialmente integramos f(x,y) em relação a y, mantendo x fixo. Os limites de integração g(x) e h(x) dependerão desse valor fixo de x, o que resultará na quantidade: $\int_{g(x)}^{h(x)} f(x,y)\ dy$.

E, então, integraremos quantidade posterior em relação a x, considerando este uma variável entre os limites constantes de integração c e d. De outra maneira, a integral repetida se dará por: $\int_c^d \int_{a(y)}^{b(y)} f(x,y)\ dy\ dx$.

Assim, envolverá ainda uma primeira integração de f(x,y) em relação a x, mantendo y fixo entre os limites de integração a(y) e b(y), seguido por uma integração da quantidade resultante em relação a y entre os limites constantes de integração c e d. A sequência de integrações exigidas para o cálculo de uma integral repetida se dará na ordem em que as diferenciais dx e dy nas integrais aparecem, sempre da esquerda para direita. Contudo, os correspondentes limites de integração são associados com os traços de integrais de modo contrário, ou seja, da direita para a esquerda.

Exercícios de fixação

1) Dada a integral $\int_{-1}^{2}\int_{0}^{2} x^2 y^3 \, dy \, dx$, calcule a integral repetida.

2) Dada a integral $\int_{-1}^{4}\int_{0}^{\frac{3x}{2}} \sqrt{16-x^2} \, dy \, dx$, calcule a integral repetida.

2.1.2 Integrais duplas

Considerando f uma função de duas variáveis e sendo R a região no plano xy, que está contida no domínio da função f, podemos formular uma situação problema análoga no espaço tridimensional pela consideração do volume V mostrado a seguir. Parafraseando Munem e Foulis (1982), o problema da integral dupla, em sua generalidade, é mais apropriado para cursos mais avançados. No entanto, nosso propósito é considerar R uma região admissível no plano bidimensional.

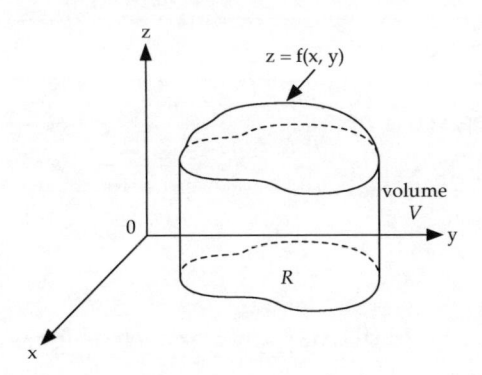

Fonte: Munem; Foulis, 1982, p. 932.

Se f(x, y) ≥ 0 para (x, y) em R, buscamos entender pelo volume do sólido que é limitado acima pelo gráfico de f, abaixo pela região R e lateralmente pelo cilindro que está sobre o limite de R, cujas geratrizes são paralelas ao eixo z. Portanto, o sólido está abaixo do gráfico de f e acima da região R.

Ao limite que busca melhores aproximações para o cálculo do volume, por meio das somas de Riemann, chamamos de *integral dupla de f sobre a região R*, o qual será escrito da forma $\iint_R f(x,y) \, dx \, dy$.

Para calcular e definir uma integral dupla, buscamos considerar R como uma região admissível no plano bidimensional, em que R contém todos os seus pontos limites e f é uma função contínua em R. Para tal, é conveniente fazer em R pequenas divisões retangulares da mesma forma que separamos o intervalo de integração em pequenos subintervalos. Contudo, nessa técnica devemos considerar apenas partições retangulares, nas quais todos os pequenos retângulos são congruentes.

Uma vez que R é uma região admissível, é limitada, e pode, portanto, ser incluída em um retângulo a considerar que $a \leq x \leq b$, $c \leq y \leq d$, no plano xy, conforme o gráfico abaixo:

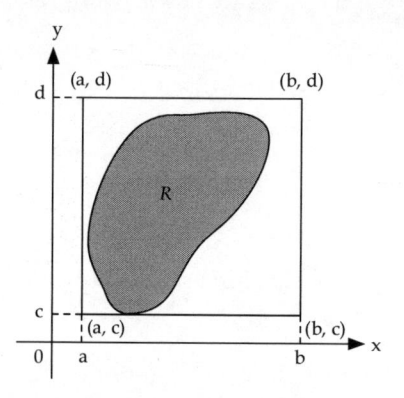

Fonte: Munem; Foulis, 1982, p. 933.

Considerando um número inteiro n, façamos repartições nesse retângulo em n^2 sub-retângulos congruentes, como segue:

- Primeiro, dividimos o intervalo [a, b] em n subintervalos de igual comprimento $\Delta x = \dfrac{b-a}{n}$ pela consideração dos pontos:

$$x_0 = a, x_1 = x_0 + \Delta x, x_2 = x_1 + \Delta x, ..., x_n = x_{n-1} + \Delta x = b$$

- Depois, dividimos o intervalo [c, d] em n subintervalos de igual comprimento $\Delta y = \dfrac{d-c}{n}$ pela consideração dos pontos:

$$y_0 = c, y_1 = y_0 + \Delta y, y_2 = y_1 + \Delta y, ..., y_n = y_{n-1} + \Delta y = d$$

No interior do retângulo $a \leq x \leq b$, $c \leq y \leq d$, obtemos uma rede constituída de segmentos de retas horizontais $x = x_0$, $x = x_1 = x_0$, $x = x_2$, ..., $x = x_n$ e segmentos de retas verticais $y = y_0$, $y = y_1 = y_0$, $y = y_2$, ..., $y = y_n$, conforme a figura a seguir. Essa malha divide o retângulo em n^2 sub-retângulos que são convergentes, tendo cada um uma área $\Delta x \cdot \Delta y$. Um desses sub-retângulos é mostrado na região hachurada:

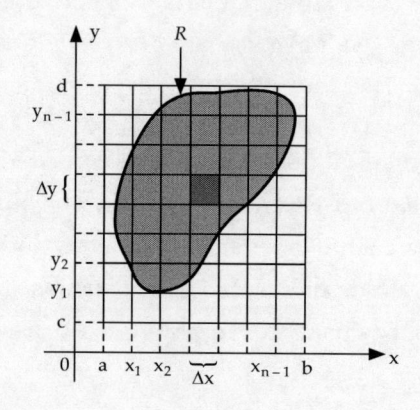

Fonte: Munem; Foulis, 1982, p. 933.

A esse processo de decomposição do retângulo a ≤ x ≤ b, c ≤ y ≤ d em n^2 sub-retângulos congruentes chamamos de *partição regular* e a cada um dos n^2 sub-retângulos consideramos como uma célula da partição. É importante considerar que algumas dessas células podem estar dentro ou fora da região R, além de poderem em alguma situação interceptar a fronteira de R.

Ainda nesse procedimento, quando desprezamos as células que não tocam a região R e numeramos as células restantes, as quais tocam R de uma maneira conveniente, as chamamos de ΔR_1, ΔR_2, ΔR_3, ..., ΔR_m. Assim, podemos considerar que cada uma dessas células apresenta uma área $\Delta x \cdot \Delta y$ e juntas contêm a região R, aproximando de sua forma. Sua área é mostrada no gráfico ao lado:

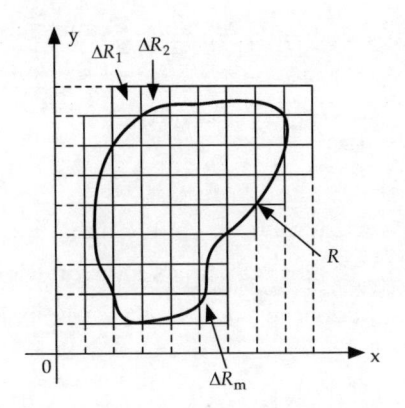

Fonte: Munem; Foulis, 1982, p. 934.

Observamos que, quando n cresce, a malha torna-se mais fina e a aproximação é melhorada. Escolhemos um ponto dentro de uma partição estendida, e dentro de cada uma das células ΔR_1, ΔR_2, ΔR_3, ..., ΔR_m, com a certeza de que cada ponto escolhido pertence à região R. Para obter a exatidão, buscamos o ponto escolhendo a k-ésima célula ΔR_k por (x_k, y_k), para cada k = 1, 2, ..., m.

Vamos buscar outra análise, considerando o sólido do gráfico a seguir, em que f está situada abaixo do gráfico e acima da célula ΔR_k. Esse sólido está próximo à representação de um paralelepípedo retângulo, com base ΔR_k, de área $\Delta x \cdot \Delta y$, e com altura $f(x_k^*, y_k^*)$. Seu volume é aproximadamente $f(x_k^*, y_k^*)\Delta x \cdot \Delta y$.

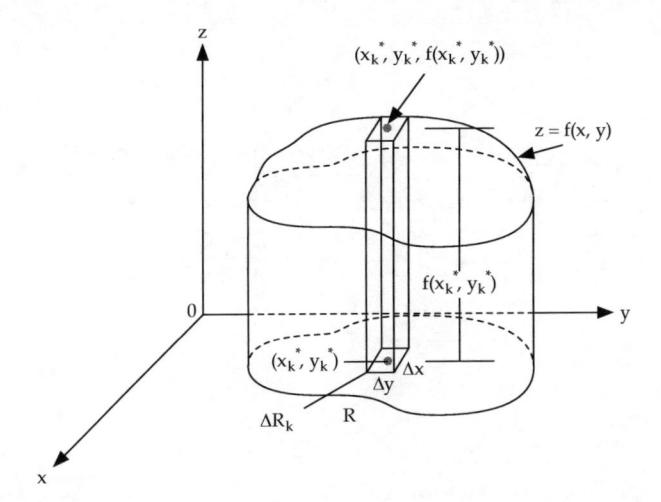

Fonte: Munem; Foulis, 1982, p. 934.

Com base na soma dos volumes aproximados correspondentes a cada célula $\Delta R_1, \Delta R_2, ..., \Delta R_m$, obtemos a aproximação dada por $V \approx \sum_{k=1}^{m} f(x_k^*, y_k^*)\Delta x \cdot \Delta y$ para o volume total abaixo do gráfico de f e acima da região R. Temos a soma:

$$\sum_{k=1}^{m} f(x_k^*, y_k^*)\Delta x \cdot \Delta y$$

Essa soma também é chamada de *soma de Riemann*, correspondendo a cada partição estendida. O limite de tais somas de Riemann, quando a partição torna-se mais e mais refinada, é chamado de *integral dupla de f sobre R* e escrito da seguinte forma:

$$\iint_R f(x,y)\ dx\ dy$$

Pela definição, o volume será dado por:

$$V = \iint_R f(x,y)\ dx\ dy = \lim_{n \to +\infty} \sum_{k=1}^{m} f(x_k^*, y_k^*)\ \Delta x\ \Delta y \text{, desde que o limite exista.}$$

Exemplo 4

Vamos aproximar a integral dupla $\iint_R x^2 y^4 dx\ dy$, em que R é a região interior ao círculo de equação $x^2 + y^2 = 1$. Para isso, utilizamos a partição regular do retângulo $-1 \leq x \leq 1, -1 \leq y \leq 1$, dividindo-o em quatro células congruentes e usando os pontos médios das células para ampliar o gráfico da partição:

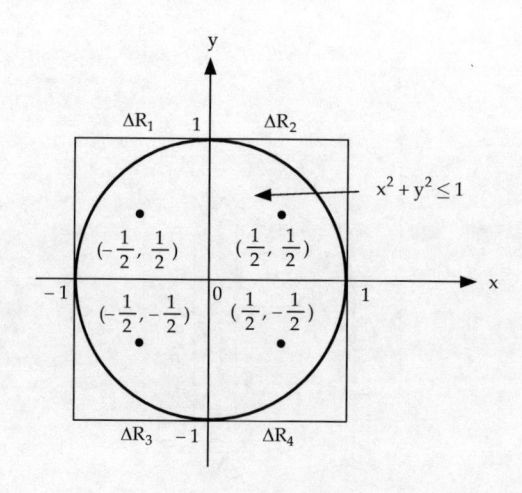

Fonte: Munem; Foulis, 1982, p. 935.

Considerando que cada uma das quatro células tem dimensão $\Delta x = 1$, $\Delta y = 1$, temos $f(x, y) = x^2 y^4$. Logo:

$$(x_1^*, y_1^*) = \left(-\frac{1}{2}, \frac{1}{2}\right), \qquad (x_2^*, y_2^*) = \left(\frac{1}{2}, \frac{1}{2}\right)$$

$$(x_3^*, y_3^*) = \left(-\frac{1}{2}, -\frac{1}{2}\right), \qquad (x_4^*, y_4^*) = \left(\frac{1}{2}, -\frac{1}{2}\right)$$

A soma de Riemann

$$\sum_{k=1}^{4} f(x_1^*, y_1^*) \, \Delta x \, \Delta y = \sum_{k=1}^{4} f(x_k^*)^2 (y_k^*)^4 (1)(1)$$

será dada por:

$$\left(-\frac{1}{2}\right)^2 \left(\frac{1}{2}\right)^4 + \left(\frac{1}{2}\right)^2 \left(\frac{1}{2}\right)^4 + \left(-\frac{1}{2}\right)^2 \left(-\frac{1}{2}\right)^4 + \left(\frac{1}{2}\right)^2 \left(-\frac{1}{2}\right)^4 = \frac{1}{16}$$

Portanto,

$$\iint_R x^2 y^4 dx \, dy \approx \sum_{k=1}^{4} \left(x_k^*\right)^2 \left(y_k^*\right)^4 = \frac{1}{16}$$

Propriedades básicas da integral dupla

Para a existência da integral dupla, algumas propriedades são necessárias, a saber:

I. Existência: se f é contínua sobre a região admissível R, então f é Riemann-integrável sobre R, ou seja, $\iint_R f(x,y) dx \, dy$ existe.

II. Interpretação como uma área: se c é uma constante e R é uma região admissível de área A, então $\iint_R c \, dx \, dy = cA$, em particular, $\iint_R dx \, dy = A$.

III. Homogeneidade: se f é uma função Riemann integrável sobre a região admissível R e
$$\iint_R K f(x,y) \, dx \, dy = K \iint_R f(x,y) \, dx \, dy.$$

IV. Aditiva: se f e g são funções Riemann integráveis sobre a região admissível R, então f + g é também integral sobre R
$$\iint_R \left[f(x,y) + g(x,y)\right] dx \, dy = \iint_R f(x,y) \, dx \, dy + \iint_R g(x,y) \, dx \, dy.$$

V. Linearidade: se f e g são funções Riemann integráveis sobre a região admissível R e se A e B são constantes, então Af ± Bg é também Riemann integrável sobre R
$$\iint_R [Af(x,y) \pm Bg(x,y)] dx\ dy = A\iint_R f(x,y)\ dx\ dy \pm B\iint_R g(x,y)\ dx\ dy$$

VI. Positividade: se f é Riemann integrável sobre a região admissível R e se $f(x,y) \geq 0$ para todos os pontos (x,y) em R, então $\iint_R f(x,y)\ dx\ dy \geq 0$.

VII. Comparação: se f e g são funções Riemann integráveis sobre a região admissível R e se $f(x,y) \leq g(x,y)$ valem para todos os pontos (x,y) em R, então
$$\iint_R f(x,y)\ dx\ dy \leq \iint_R g(x,y)\ dx\ dy.$$

VIII. Aditividade em relação à região de integração: seja R uma região admissível e supondo que R possa ser decomposta em duas regiões admissíveis não superpostas R_1, R_2. Se f é Riemann integrável sobre as regiões R_1, R_2, então f é Riemann integrável sobre R e
$$\iint_R f(x,y)\ dx\ dy = \iint_{R_1} f(x,y)\ dx\ dy + \iint_{R_2} f(x,y)\ dx\ dy.$$

Exemplo 5

Sendo um retângulo limitado em $0 \leq x \leq 1$, $0 \leq y \leq 1$ e R_1 a região do retângulo definido, e considerando R_1 a parte R acima sobre a diagonal $y = x$, e R_2 a parte inferior de R, sob a diagonal $y = x$, supomos que:

$$\iint_{R_1} f(x,y) dx\ dy = 3 \qquad \iint_{R_1} g(x,y) dx\ dy = -2$$

$$\iint_{R_2} f(x,y) dx\ dy = 5 \qquad \iint_{R_2} g(x,y) dx\ dy = 1$$

Aplicando as propriedades, vamos encontrar:

a. $\iint_R f(x,y) dx\ dy$,

b. $\iint_R g(x,y) dx\ dy$

c. $\iint_R [4f(x,y) - 3g(x,y)] dx\ dy$

Seja R a região de um retângulo e R_1 a parte de R acima, isto é, sobre a diagonal $y = x$, e seja R_2 a parte de R abaixo, sob a diagonal $y = x$, supõem-se que

$$\iint_{R_1} f(x,y) dx\ dy = 3 \qquad \iint_{R_1} g(x,y) dx\ dy = -2$$

$$\iint_{R_2} f(x,y) dx\ dy = 5 \qquad \iint_{R_2} g(x,y) dx\ dy = 1$$

Aplicando as propriedades, ache:

a. $\iint\limits_R f(x,y)dx\,dy$

b. $\iint\limits_R g(x,y)dx\,dy$

c. $\iint\limits_R [4f(x,y) - 3g(x,y)]dx\,dy$

Solucionando o exercício da letra **a**, usamos a propriedade VIII:

$$\iint\limits_R f(x,y)dx\,dy = \iint\limits_{R_1} f(x,y)dx\,dy + \iint\limits_{R_2} f(x,y)dx\,dy = 3 + 5 = 8$$

Solucionando o exercício da letra **b**, usamos a propriedade VIII:

$$\iint\limits_R g(x,y)dx\,dy = \iint\limits_{R_1} g(x,y)dx\,dy + \iint\limits_{R_2} g(x,y)dx\,dy = -2 + 1 = -1$$

Solucionando o exercício da letra **c**, usamos as partes do exercício de (a) e (b) e a propriedade V:

$$\iint\limits_R [4f(x,y) - 3g(x,y)]dx\,dy = 4\iint\limits_R [f(x,y)dx\,dy - 3\iint g(x,y)dx\,dy = (4)(8) - (3)(-1) = 35.$$

Exercícios de fixação

3) Considerando-se R o disco circular de equação $x^2 + y^2 \leq 1$, R_1 a metade superior de R e R_2 a metade inferior de R, e supondo que os parâmetros sejam dados por

$\iint\limits_{R_1} f(x,y)dx\,dy = 7$ $\iint\limits_{R_1} g(x,y)dx\,dy = -2$

$\iint\limits_{R_2} f(x,y)dx\,dy = -5$ $\iint\limits_{R_2} g(x,y)dx\,dy = 4$, calcular para cada item a, b e c a integral

dupla, usando as propriedades básicas de 1 a 8 quando necessário.

a. $\iint\limits_R f(x,y)dx\,dy$

b. $\iint\limits_R g(x,y)dx\,dy$

c. $\iint\limits_R [4g(x,y) - 6f(x,y)]dx\,dy$

Integração dupla e processo de iteração

Considerando-se que as integrais duplas podem ser calculadas por um processo de iteração que possibilita a conversão de uma integral dupla em uma integral iterada equivalente e vice-versa, e que a integral dupla $\iint_R f(x,y)dx\,dy$, em que a região R é a região assinalada f, é contínua em R, e $f(x,y) \geq 0$ para (x,y) em R, notamos que R é limitada abaixo pela reta $y = a$, acima pela reta $y = b$, à esquerda pelo gráfico da equação $x = g(y)$ e à direita pelo gráfico da equação $x = h(y)$, supondo que g e h são funções contínuas definidas sobre (a,b) e que $g(y) \leq h(y)$ para $a \leq y \leq b$. No gráfico abaixo, temos:

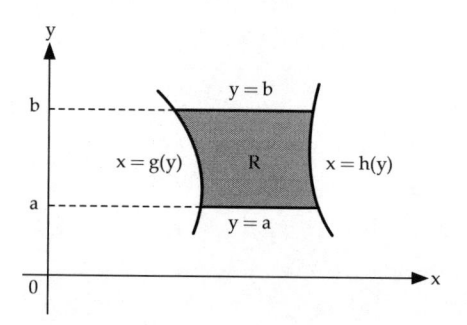

Fonte: Munem; Foulis, 1982, p. 943.

Como $f(x,y) \geq 0$ para (x,y) em R, a integral dupla $\iint_R f(x,y)dx\,dy$ pode ser interpretada como o volume V do sólido sob o gráfico de f e acima da região R, como no gráfico abaixo. Determinamos o volume V pelo método de divisão em fatias usando o eixo y como nosso eixo de referência.

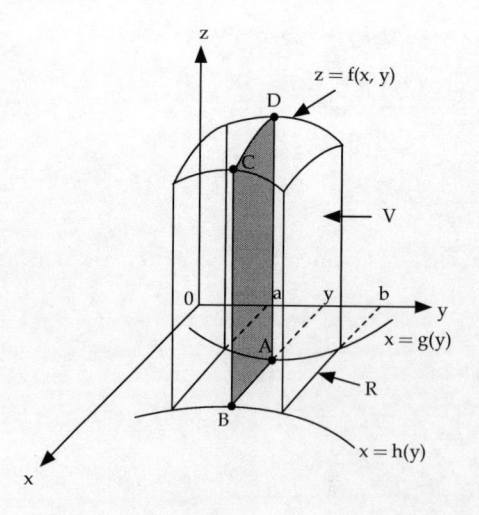

Fonte: Munem; Foulis, 1982, p. 943.

Integração de funções 55

No gráfico anterior, ABCD representa o plano de corte perpendicular no sólido, em relação ao eixo das ordenadas e a cada y unidades distantes da origem. Denotamos a área de ABCD pela F(y), então, pelo método da divisão em fatias, escrevemos:

$$\iint_R f(x,y)dx\, dy = V = \int_b^a F(y)dy$$

Para que possamos encontrar uma fórmula para a área seccionada F(y), fixamos temporariamente um valor de y entre a e b e estabelecemos cópias paralelas dos eixos x e z no mesmo plano de corte ABCD:

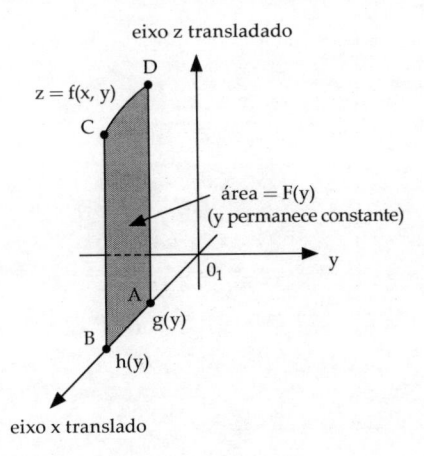

Fonte: Munem; Foulis, 1982, p. 944.

Observamos que a curva DC é z = f(x,y), enquanto que os pontos A e B possuem abscissas g(y) e h(y), respectivamente.

O gráfico ao lado é obtido pela rotação do plano xz do gráfico anterior, de modo que o eixo x estende-se à direita:

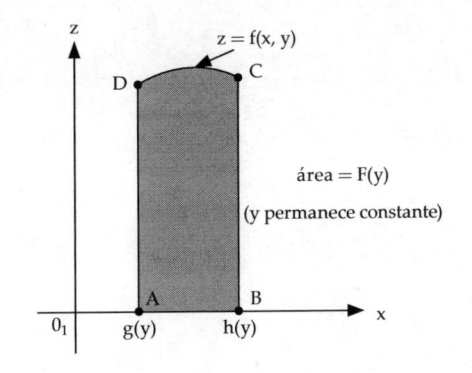

Fonte: Munem; Foulis, 1982, p. 944.

No gráfico anterior, fica evidente que a área desejada F(y) é justamente a área sob a curva z = f(x,y) entre x = g(x) e x = h(x), mantendo-se y fixo. Logo:

$$F(y)\int_{g(y)}^{h(y)} f(x,y)dx, \text{ segue então } \iint_R f(x,y)dx\ dy = \int_b^a F(y)dy = \int_b^a \int_{g(y)}^{h(y)} f(x,y)dx\ dy$$

Exemplo 6

Vamos calcular a $\iint_R 8xy\ dx\ dy$ da região R interior do trapezoide de vértices (2,2), (4,2), (5,4) e (1,4), pela conversão para integral:

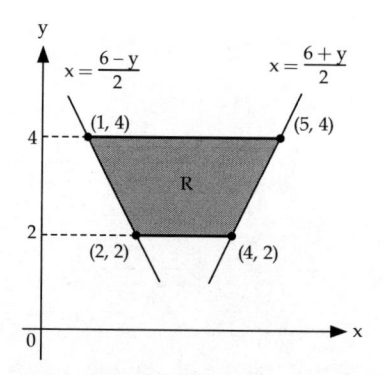

Fonte: Munem; Foulis, 1982, p. 944.

Temos pelo gráfico as equações de reta $y = 6 - 2x$ ou $x = \dfrac{6-y}{2}$, que apresentam os pontos (2,2) e (1,4). Do mesmo modo, as equações $y = 2x - 6$ ou $x = \dfrac{6+y}{2}$ têm os pontos (4,2) e (5,4). Com isso,

$$\iint_R 8xy\ dx\ dy = \int_2^4 \int_{\frac{(6-y)}{2}}^{\frac{(6+y)}{2}} 8xy\ dx\ dy =$$

$$= \int_2^4 \left[8y\frac{x^2}{2} \Big|_{\frac{(6-y)}{2}}^{\frac{(6+y)}{2}} \right] dy =$$

$$= \int_2^4 4y\left[\left(\frac{6+y}{2}\right)^2 - \left(\frac{6-y}{2}\right)^2 \right] dy =$$

$$= \int_2^4 24y^2 dy = \frac{24y^3}{3} \Big|_2^4 = 448$$

Para obter a equação que vai converter uma integral dupla em uma integral iterada, utilizamos o método da divisão em fatias, considerando-se seções perpendiculares ao eixo y. Esse procedimento também pode ser feito levando-se em conta que a divisão em fatias e utilizando-se seções perpendiculares ao eixo x, desde que a região R tenha a seguinte forma: R é limitada à esquerda pela linha vertical x = a, à direita pela linha vertical x = b, acima pelo gráfico de uma equação y = h(x) e abaixo pelo gráfico de uma equação y = g(x), em que g e h são contínuas no intervalo fechado [a, b] e g(x) ≤ h(x) para a ≤ x ≥ b.

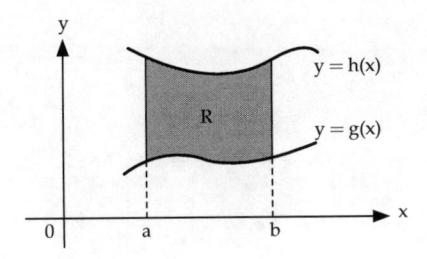

Fonte: Munem; Foulis, 1982, p. 945.

Uma região R, limitada abaixo e acima pelas curvas contínuas y = g(x) e y = h(x), respectivamente, e limitada à esquerda pela reta virtual x = a e à direita pela reta vertical x = b, é chamada de *região tipo I*, como no gráfico acima. Por outro lado, uma região R, limitada à esquerda e à direita pelas curvas contínuas x = g(y) e x = h(y), respectivamente, e limitada abaixo pela linha horizontal y = a e acima pela linha horizontal y = b, é chamada de *região tipo II*, como no gráfico a seguir.

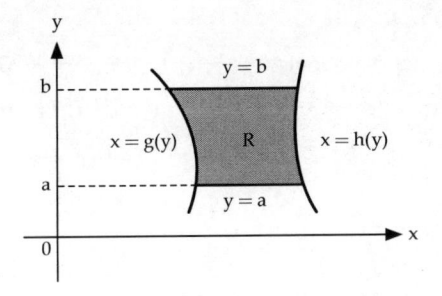

Fonte: Munem; Foulis, 1982, p. 943.

A justificativa dessas considerações se aplica na indicação de que uma integral dupla de função f contínua sobre uma região R do tipo I ou do tipo II pode ser convertida numa integral iterada. Para tal, temos o método chamado de *iteração* para o cálculo de integrais duplas sobre regiões especiais.

No método de iteração, temos que R é uma região do tipo I ou do tipo II no plano e que a função f é contínua sobre R. A fim de calcular a integral dupla $\iint_R f(x,y)dx\,dy$, procedendo da seguinte forma, temos dois casos, detalhados a seguir.

Caso 1

Se a região é do tipo I, como no gráfico a seguir, encontramos as equações das curvas contínuas $y = g(x)$ e $y = h(x)$, limitando R abaixo e acima, respectivamente. Calculamos também as constantes a e b para as quais as linhas verticais $x = a$ e $x = b$ limitam R à esquerda e à direita.

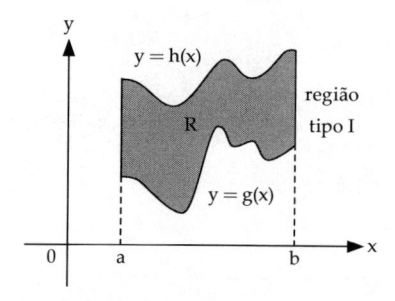

Fonte: Munem; Foulis, 1982, p. 946.

$$\iint_R f(x,y)dx\,dy = \int_{x=b}^{x=a}\left[\int_{y=g(x)}^{y=h(x)} f(x,y)\,dy\right] dx = \int_b^a \int_{g(x)}^{h(x)} f(x,y)\,dy\,dx$$

Caso 2

Se a região R é do tipo II, como no gráfico seguinte, encontramos as equações das curvas contínuas $x = g(y)$ e $x = h(y)$, limitando R à esquerda e à direita, respectivamente. Calculamos também as constantes a e b para as quais as linhas horizontais $y = a$ e $y = b$ limitam R abaixo e acima, respectivamente.

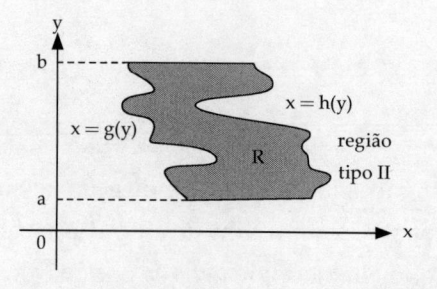

Fonte: Munem; Foulis, 1982, p. 946.

Exemplo 7
Calculando a integral dupla dada pelo método da iteração

$$\iint_R x \cos xy \, dx \, dy; \quad R: 1 \le x \le 2 \quad \text{e} \quad \frac{\pi}{2} \le y \le \frac{2\pi}{x}, \text{ temos:}$$

$$\iint_R x \cos xy \, dx \, dy = \int_{x=1}^{x=2} \left(\int_{y=\frac{\pi}{2}}^{y=\frac{2\pi}{x}} x \cos xy \, dy \right) dx =$$

$$= \int_{x=1}^{x=2} \left(\sin xy \, \bigg|_{y=\frac{\pi}{2}}^{y=\frac{2\pi}{x}} \right) dx =$$

$$= \int_1^2 \left(\sin 2\pi - \sin \frac{\pi}{2}x \right) dx =$$

$$= \int_1^2 \left(-\sin \frac{\pi x}{2} \right) dx = \frac{2}{\pi} \cos \frac{\pi x}{2} \bigg|_1^2 =$$

$$= \frac{2}{\pi} \cos \pi - \frac{2}{\pi} \cos \frac{\pi}{2} = -\frac{2}{\pi}$$

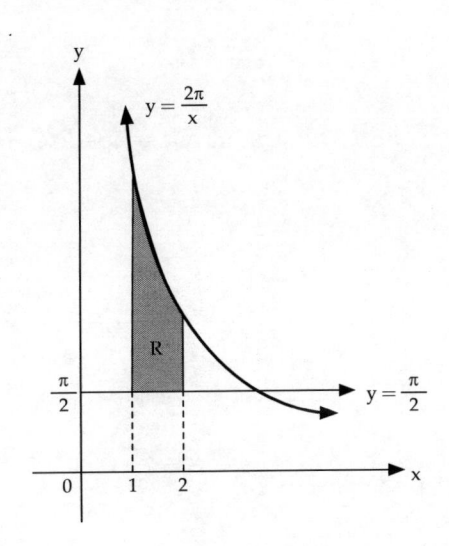

Fonte: Munem; Foulis, 1982, p. 947.

Exercícios de fixação

4) Considerando-se o gráfico ao lado e $\iint_R (x+y)\, dx\, dy$, em que R é a região no primeiro quadrante acima da curva $y = x^2$ e abaixo da curva $y = \sqrt{x}$, obtenha integral dupla pelo método da iteração.

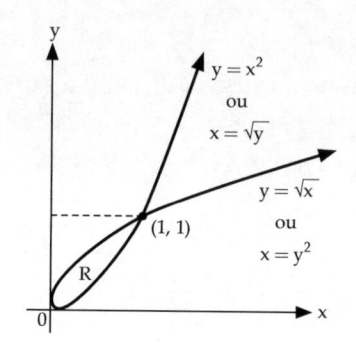

Fonte: Munem; Foulis, 1982, p. 947.

2.2 Função dada por integral

No estudo das funções integráveis, consideramos também as funções dadas por integral.

2.2.1 Integrais triplas

As integrais triplas, aplicadas sobre sólidos no espaço xyz, são definidas segundo uma analogia com a definição de integrais duplas aplicadas em regiões no plano xy.

Dada uma região sólida no espaço S tridimensional, como um paralelepípedo, um cubo, uma pirâmide, uma esfera, um elipsoide, e assim sucessivamente, e dada uma função f de três variáveis, definida em cada ponto (x, y, z) em S, definimos a integral tripla, quando existir, sendo:

$$\iiint_R f(x,y,z)\, dx\, dy\, dz$$

Inicialmente, inscrevemos o sólido S em um paralelepípedo B, com as arestas paralelas aos eixos coordenados:

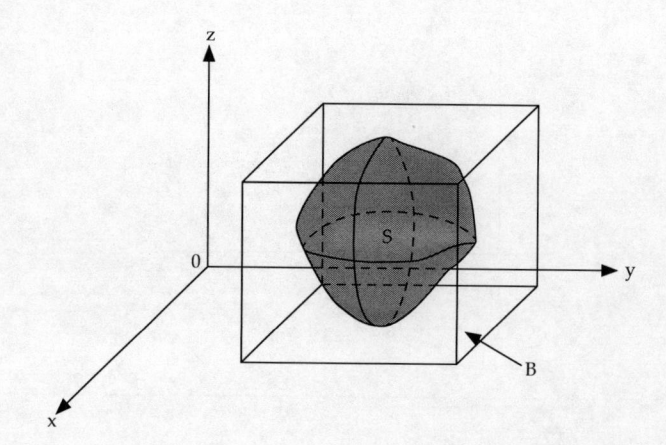

Fonte: Munem; Foulis, 1982, p. 972.

O paralelepípedo será, então, dividido em inúmeros paralelepípedos menores, pela sua interseção com os planos paralelos aos planos coordenados:

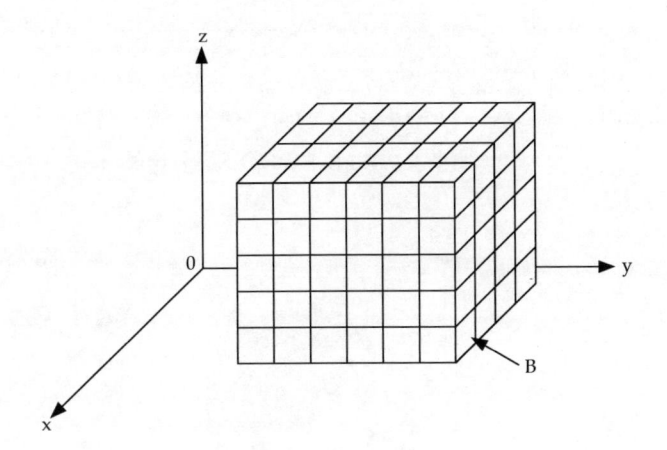

Fonte: Munem; Foulis, 1982, p. 972.

Esses pequenos paralelepípedos chamamos de *células da partição*. Todas as células da partição que não tocam a região S são desprezadas. As células restantes são as que, tomadas em conjunto, contêm o sólido S e aproximam-se da sua forma. Cada uma dessas células denotamos como ΔS_1, ΔS_2, ..., ΔS_m e o valor da máxima diagonal de todas essas células chamamos de *norma da partição*, que é conhecido pela letra grega *eta* (η).

São escolhidos pontos, um de cada célula ΔS_1, ΔS_2, ..., ΔS_m, de modo que cada ponto escolhido pertença a S, em que o ponto escolhido da k-ésima célula é denotado por (x_k^*, y_k^*, z_k^*), k = 1, 2, ..., m. A partição, juntamente com os pontos escolhidos, é chamada de *partição estendida*. Correspondendo a cada partição estendida formamos uma soma de Riemann $\sum_{k=1}^{m} f(x_k^*, y_k^*, z_k^*)\Delta V_k$ em que ΔV_k é o volume da k-ésima célula ΔS_k. Podemos agora definir a integral tripla como sendo o limite, caso este exista, de cada soma de Riemann, quando o número de células cresce indefinidamente e, por consequência, a norma η tende a zero. Assim, escrevemos:

$$\iiint_S f(x,y,z)dx\ dy\ dz = \lim_{\eta \to 0} \sum_{k=1}^{m} f(x_k^*, y_k^*, z_k^*)\Delta V_k$$

Se a tripla $\iiint_R f(x,y,z)\ dx\ dy\ dz$ existe, ou seja, se o limite superior existe, então a função é dita *Riemann integrável no sólido S*.

Para o cálculo da integral tripla, considerando a região R sobre o plano xy, o qual contém individualmente seus limites, que são próprios, e na hipótese de g e h serem funções contínuas em R e satisfazendo as condições de que $g(x, y) \leq h(x, y)$ para todos os pontos (x,y) em R, podemos dizer que o sólido S é constituído por todos os pontos da tripla ordenada (x, y, z), para condições tais que (x, y) pertencem a R e g(x, y) ≤ z ≤ h(x, y). Vejamos, no gráfico a seguir esse entendimento.

Seja R uma região no plano xy, o qual contém todos os seus limites individuais (próprios), e suponha que g e h são funções contínuas definidas em R, satisfazendo g(x, y) ≤ h(x, y) para todos os pontos (x, y) em R, e que seja S o sólido constituído por todos os pontos (x, y, z), satisfazendo as condições tais que (x, y) pertence a R e g(x, y) ≤ z ≤ h(x, y), temos:

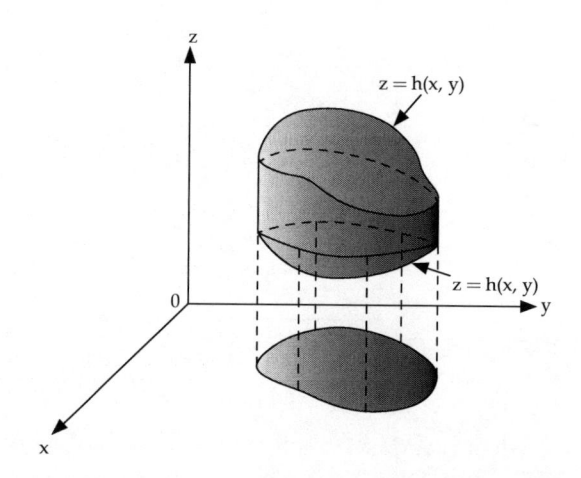

Fonte: Munem; Foulis, 1982, p. 973.

Como a função f está definida em S, temos:

$\iiint_S f(x,y,z)\ dx\ dy\ dz = \iint_R \left[\int_{z=g(x,y)}^{z=h(x,y)} f(x,y,z)dz \right] dx\ dy$, e dizemos que o sólido em análise está limitado no processo de iteração superiormente pela superfície representada por z = g(x, y) e lateralmente pelo cilindro limitado pela região R, gerado pelo eixo geratriz posicionado paralelamente ao eixo z. A integral do interior do cilindro será escrita da forma $\int_{z=g(x,y)}^{z=h(x,y)} f(x,y,z)dz$.

Se f é contínua definida em S, então: $\iiint_S f(x,y,z)\ dx\ dy\ dz = \iint_R \left[\int_{z=g(x,y)}^{z=h(x,y)} f(x,y,z)dz \right] dx\ dy$. Sendo assim, o sólido em questão, no processo de iteração, está limitado superiormente pela superfície z = g(x, y) e lateralmente pelo cilindro limitado por R, formado pela geratriz paralela ao eixo z. A integral "interior" será dada por $\int_{z=g(x,y)}^{z=h(x,y)} f(x,y,z)dz$.

Exemplo 8

Vamos calcular a integral tripla $\iiint_S (x+y+z)dx\,dy\,dz$, em que S é o sólido limitado superiormente pelo plano $z = 2 - x - y$, inferiormente pelo plano $z = 0$ e lateralmente pelo cilindro limitado pela região triangular R: $0 \le x \le 1, 0 \le y \le 1 - x$, como no gráfico a seguir:

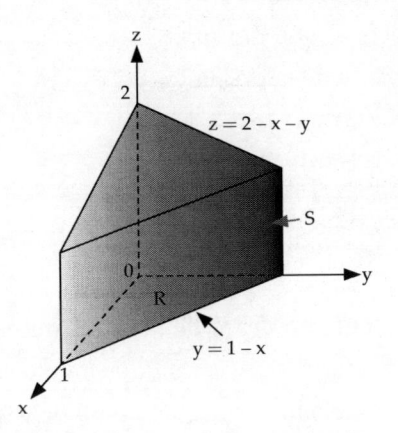

Fonte: Munem; Foulis, 1982, p. 974.

Temos pelo processo de iteração com $g(x, y) = 0$, $h(x, y) = 2 - x - y$ e R como descrito. Logo:

$$\iiint_S (x+y+z)dx\,dy\,dz = \iint_R \left[\int_{z=0}^{z=2-x-y}(x+y+z)\,dz\right]dx\,dy = \iint_R \left[\left(xz+yz+\frac{z^2}{2}\right)\bigg|_0^{2-x-y}\right]dx\,dy =$$

$$= \iint_R \left[x(2-x-y)+y(2-x-y)+\frac{(2-x-y)^2}{2}\right]dx\,dy =$$

$$= \int_{x=0}^{x=1}\left[\int_{y=0}^{y=1-x}\left(2-\frac{x^2}{2}-xy-\frac{y^2}{2}\right)dy\right]dx = \iint_R \left(2-\frac{x^2}{2}-xy-\frac{y^2}{2}\right)dx\,dy =$$

$$= \int_{x=0}^{x=1}\left[\left(2y-\frac{x^2 y}{2}-\frac{xy^2}{2}-\frac{y^3}{6}\right)\bigg|_{y=0}^{y=1-x}\right]dx =$$

$$= \int_0^1 \left(\frac{11}{6}-2x+\frac{x^3}{6}\right)dx =$$

$$= \left(\frac{11}{6}x - x^2 + \frac{x^4}{24}\right)\bigg|_0^1 = \frac{7}{8}$$

Exemplo 9

Vamos calcular o volume do sólido S limitado por $z + x^2 = 9$, $y + z = 4$, $y = 0$ e $y = 4$. Como a superfície $z + x^2 = 9$ representa um cilindro parabólico, aberto inferiormente, com geratrizes paralelas ao eixo y, logo, definimos a superfície que delimita S inferiormente. A superfície $y + z = 4$ representa um plano que corta o plano $z = 0$ na reta $y = 4$ e define a superfície que delimita S inferiormente, como no gráfico ao lado. O volume V desejado é dado por: $V = \iiint_S dx\, dy\, dz$.

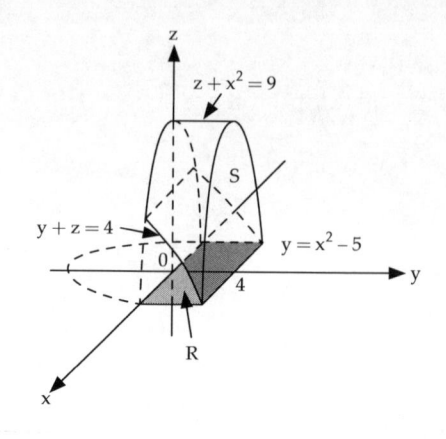

Fonte: Munem; Foulis, 1982, p. 976.

Para calcular a integral tripla pelo processo de iteração, necessitamos determinar a região R, que será obtida projetando-se o sólido S perpendicularmente sobre o plano xy.

As retas $y = 0$ e $y = 4$ fornecem dois limites de R e, para determinar o restante do limite de R, observamos que as superfícies delimitadas de S, superior e inferior, estão localizadas no espaço por uma curva constituída por todos os pontos (x,y,z) que satisfazem as equações simultâneas
$\begin{cases} z + x^2 = 9 \\ y + z = 4 \end{cases}$.

O limite restante de R é obtido pela projeção da curva perpendicular sobre o plano xy, e isso pode ser completado algebricamente, eliminando-se a variável z das duas equações simultâneas. Logo, $y + 9 - x^2 = 4$, ou $y = x^2 - 5$, de modo que $x = \pm\sqrt{y+5}$.

A região R, então, será do tipo II e descrita pelas inequações $0 \leq y \leq 4$ e $-\sqrt{x+5} \leq x \leq \sqrt{x+5}$.

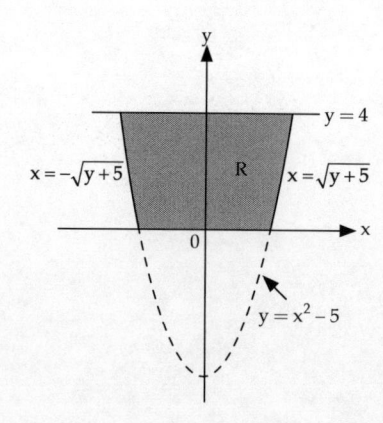

Fonte: Munem; Foulis, 1982, p. 976.

Logo, o volume será dado por:

$$V = \iiint_S dx\, dy\, dz = \iint_R \left[\int_{z=4-y}^{z=9-x^2} dz \right] dx\, dy = \iint_R (5 - x^2 + y)\, dx\, dy =$$

$$= \int_{y=0}^{y=4} \left[\int_{x=-\sqrt{y+5}}^{x=\sqrt{y+5}} (5 - x^2 + y)\, dx \right] dy = \int_{y=0}^{y=4} \left[\left(5x - \frac{x^3}{3} + xy \right) \Bigg|_{x=-\sqrt{y+5}}^{x=\sqrt{y+5}} \right] dy =$$

$$= \int_0^4 \left[10\sqrt{y+5} - \frac{2}{3}(y+5)^{\frac{5}{3}} + 2y\sqrt{y+5} \right] dy =$$

$$= \left[\frac{20}{3}(y+5)^{\frac{3}{2}} - \frac{4}{15}(y+5)^{\frac{5}{2}} + \frac{4}{5}(y+5)^{\frac{5}{2}} - \frac{20}{3}(y+5)^{\frac{3}{2}} \right] \Bigg|_0^4 =$$

$$= \left[\frac{8}{15}(y+5)^{\frac{5}{2}} \right] \Bigg|_0^4 = \frac{8}{15}(243 - 25\sqrt{5}) \approx 99{,}79 \text{ u.v. (unidades de volume)}$$

Encontramos a integral $\int 2y\sqrt{y+5}\, dy$, fazendo a substituição $u = y + 5$. Logo, $y = u - 5$ e $dy = du$.

É relevante, neste estudo, saber que existem alguns casos a respeito do teorema de iteração para integrais triplas de funções consideradas contínuas em sólidos geométricos. Dependendo da forma do sólido envolvido no estudo, temos:

Caso 3
A região R definida no plano xy e o sólido S são formados por todos os pontos da tripla ordenada (x, y, z), tais que o par (x, y) pertence à região R sob as condições $g(x, y) \leq z \leq h(x, y)$. Logo,

$$\iiint_S f(x,y,z)\, dx\, dy\, dz = \iint_R \left[\int_{z=g(x,y)}^{z=h(x,y)} f(x,y,z)\, dz \right] dx\, dy.$$

Caso 4
A região R definida no plano xz e o sólido S são formados por todos os pontos da tripla ordenada (x, y, z), tais que (x, z) pertencem à região R sob as condições $g(x, z) \leq y \leq h(x, z)$. Logo,

$$\iiint_S f(x,y,z)\, dx\, dy\, dz = \iint_R \left[\int_{y=g(x,z)}^{y=h(x,z)} f(x,y,z)\, dy \right] dx\, dz.$$

Caso 5

A região R definida no plano yz e o sólido S são formados por todos os pontos da tripla ordenada (x, y, z), tais que (y, z) pertencem à região R sob as condições g(y, z) ≤ x ≤ h(y, z). Logo,

$$\iiint_S f(x,y,z)\ dx\ dy\ dz = \iint_R \left[\int_{x=g(y,z)}^{x=h(y,z)} f(x,y,z)\ dx \right] dy\ dz.$$

Exemplo 10

Vamos calcular a integral tripla $\iiint_S 3z\ dx\ dy\ dz$, em que S é o sólido limitado por x = 0, y = 0, z = 1 e x + y + z = 2:

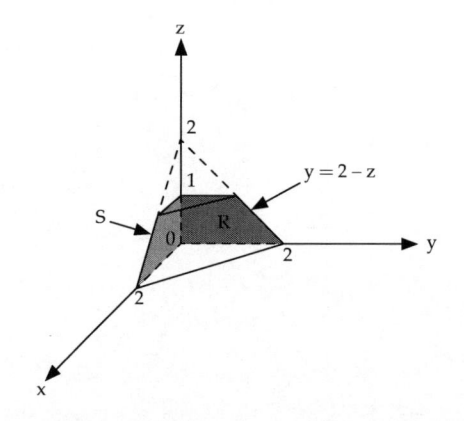

Fonte: Munem; Foulis, 1982, p. 978.

No gráfico, observamos que a superfície x + y + z = 2 é um plano que intercepta os eixos no ponto 2 e define a superfície que delimita S frontalmente. As demais superfícies delimitadoras são os planos coordenados e o plano z (cota). Assim, temos que R : 0 ≤ z ≤ 1, 0 ≤ y ≤ 2 – z e que o sólido S está definido por S : (x, z) em R e 0 ≤ x ≤ 2 – y – z. Logo,

$$\iiint_S 3z\ dx\ dy\ dz = \iint_R \left[\int_{x=0}^{x=2-y-z} 3z\ dx \right] dy\ dz = \iint_R 3z(2-y-z) dy\ dz =$$

$$= \int_{z=0}^{z=1} \left[\int_{y=0}^{y=2-z} 3z(2-y-z)\ dy \right] dz =$$

$$= \int_{z=0}^{z=1} \left[\left(6yz - \frac{3}{2}y^2 z - 3yz^2 \right) \Big|_{y=0}^{y=2-z} \right] dz =$$

$$= \int_0^1 \left(\frac{3}{2}z^3 - 6z^2 + 6z \right) dz = \left(\frac{3z^4}{8} - 2z^3 + 3z^2 \right) \Big|_0^1 = \frac{11}{8}$$

A integral tripla pode ser iterada, escrevendo-se:

$$\iint_R \left[\int_{x=0}^{x=2-y-z} 3z\ dx \right] dy\ dz = \int_{z=0}^{z=1} \left\{ \int_{y=0}^{y=2-z} \left[\int_{x=0}^{x=2-y-z} 3z\ dx \right] dy \right\} dz$$

Assim, na última forma essa integral é chamada de *integral tripla iterada*. A menos que haja confusão, os colchetes e a informação detalhada sobre os limites de integração são usualmente omitidos, e a integral tripla iterada é escrita na forma simples como: $\int_0^1 \int_0^{2-z} \int_0^{2-y-z} 3z\ dx\ dy\ dz$.

A ordem de integração é determinada pela ordem das diferenciais, lidas da esquerda para a direita, como nas integrais duplamente iteradas.

Exercícios de fixação

5) Calcule a integral repetida $\int_0^{\frac{\pi}{2}} \int_0^1 \int_0^{x^2} x\ \cos y\ dz\ dx\ dy$.

6) Calcule a integral tripla $\iiint_S (3x + 2y) dx\ dy\ dz$, em que S é o sólido limitado superiormente pelo plano z = 4, inferiormente pelo plano z = 0 e lateralmente pelo cilindro com geratrizes paralelas ao eixo z, sobre a região quadrada R : $-1 \le x \le 1, -1 \le y \le 3$.

Síntese

Neste capítulo, estudamos as funções integráveis e destacamos a necessidade de essas funções serem contínuas em intervalos estabelecidos como critérios de análise para o cálculo. Destacamos o estudo das integrais de Riemann envolvendo duas ou mais variáveis, introduzimos conceitos de integrais repetidas e o processo iterativo para demais funções integráveis. Também envolvemos o estudo das integrais indefinidas das derivadas parciais por diferenciação chamadas de *integrais parciais*, as integrais duplas e suas propriedades básicas, além de considerarmos o estudo de duas ou mais variáveis definidas no campo de análise para uma determinada região R limitada, cujo domínio é uma função f(x, y) em que R deverá descrever um espaço bidimensional. Por último, aplicamos a abordagem dos métodos de iteração e partição de sólidos geométricos no estudo do volume dos sólidos.

Atividades de autoavaliação

1) Para que exista uma integral dupla, são necessárias algumas propriedades que validem a aplicação do cálculo. Com base nessas propriedades, indique se as afirmações a seguir são verdadeiras (V) ou falsas (F):

( ) Uma integral dupla existirá se, e somente se, f(x) for contínua sobre uma região plana R e, então, f(x) aceitará o cálculo pelo método da soma de Riemann integrável sobre a região R.

( ) Admite-se a impossibilidade da propriedade da homogeneidade de uma função f(x) se f(x) é uma função Riemann integrável sobre a região de área R existente.

( ) Se f(x) e g(x) são duas funções de Riemann integráveis sobre uma região plana R, a propriedade aditiva se aplica; no entanto, não é possível verificar se a soma é integrável.

( ) Se f(x) e g(x) são duas funções de Riemann integráveis sobre uma região plana R, verifica-se que a aditividade dessas duas funções também será integrável.

Agora, assinale a alternativa que corresponda corretamente à sequência obtida:
a. V, V, F, V.
b. V, F, F, V.
c. F, V, V, F.
d. V, F, V, F.

2) Para que exista uma integral dupla, são necessárias algumas propriedades que validem a aplicação do cálculo. Com base nos conhecimentos adquiridos sobre a aplicação do cálculo de integração dupla, indique se as afirmações a seguir são verdadeiras (V) ou falsas (F):

( ) O processo de iteração, ou seja, a divisão em pequenas partes de uma figura plana em que se objetiva calcular a área total de uma região R, possibilita a conversão de uma integral dupla numa integral iterada.

( ) Para a obtenção de uma integral dupla, numa integral iterada, utiliza-se o método da divisão em fatias, considerando que as seções são perpendiculares ao eixo das ordenadas e que esse procedimento também pode ser aplicado fatiando-se as seções perpendicularmente ao eixo das abscissas desde que R seja limitado por uma linha à esquerda em que temos um valor x = a, por uma linha verticalmente à direita em que x = b, acima por um gráfico de equação y = h(x) e abaixo pelo gráfico de uma equação genérica y = g(x), em que se admite que as funções g(x) e h(x) sejam contínuas no intervalo fechado [a; b] com as condições $g(x) \leq z \leq h(x)$ para $a \leq x \geq b$.

( ) São considerações para o espaço tridimensional que as integrais triplas, aplicadas sobre sólidos no espaço xyz, sejam definidas segundo uma analogia com a definição de integrais duplas aplicadas em regiões no plano xy, em que o modelo matemático válido para representação dessas integrais é escrito na forma $\iiint_S (x, y, z)\, dx\, dy\, dz$.

( ) As integrais triplas, aplicadas sobre sólidos no espaço xyz, são definidas segundo uma analogia com a definição de integrais duplas aplicadas em regiões no plano xy.

Agora, assinale a alternativa que corresponda corretamente à sequência obtida:
a. V, V, V, V.
b. V, V, F, F.
c. V, V, V, F.
d. F, V, V, V.

3) Assinale com verdadeiro (V) ou falso (F) os itens que correspondem às afirmações e hipóteses elaboradas em relação ao gráfico representado:

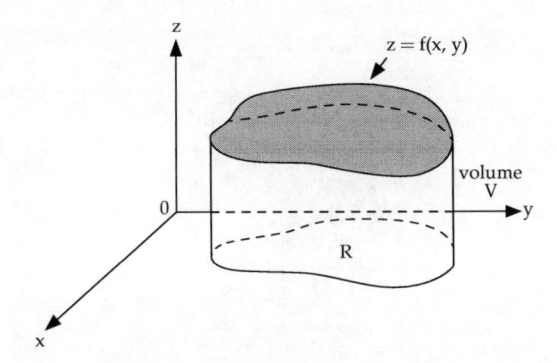

Fonte: Munem; Foulis, 1982, p. 932.

( ) Considerando f(x) uma função de duas variáveis e sendo R a região no plano xy, que está contida no domínio da função f, podemos formular uma situação-problema análoga no espaço tridimensional, pela consideração do volume.

( ) Se $f(x, y) \geq 0$ para o par ordenado (x, y) em R, é correto dizer que o volume do sólido é limitado acima pelo gráfico de f, abaixo pela região R e lateralmente pelo cilindro que está sobre o limite de R e cujas geratrizes são paralelas ao eixo z. Desse sólido está abaixo do gráfico de f e acima da região R.

( ) Ao modelo matemático de integral dupla $\iint_R f(x, y)$ que não expressa o limite que busca dar melhores aproximações para o cálculo do volume, por meio das somas de Riemann, chamamos de *integral dupla de f(x,y) sobre a região R*.

( ) Para calcular e definir uma integral dupla, buscamos considerar R como uma região admissível unidimensional, em que R contém todos os seus pontos limites e f é uma função contínua em R. Para tal, é conveniente fazer em R pequenas divisões retangulares da mesma forma que separamos o intervalo de integração em pequenos subintervalos. Contudo, nessa técnica devemos considerar apenas partições retangulares, nas quais nem todos os pequenos retângulos são congruentes.

Agora, assinale a alternativa que corresponda corretamente à sequência obtida:
a. V, V, V, V.
b. V, F, F, V.
c. V, F, F, F.
d. V, V, F, F.

4) Assinale com verdadeiro (V) ou falso (F) os itens pertencentes à análise da imagem gráfica a seguir:

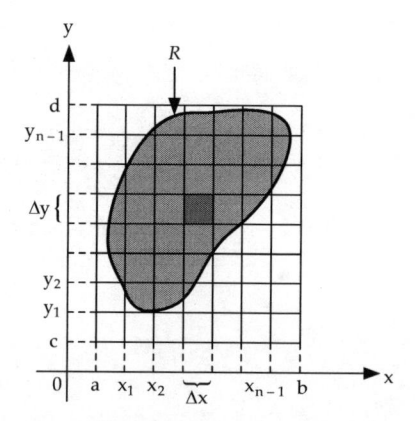

Fonte: Munem; Foulis, 1982, p. 933.

( ) Chamamos de *partição regular* o processo de decomposição do retângulo $a \leq x \leq b$, $c \leq y \leq d$ em n^2 sub-retângulos congruentes e cada um dos n^2 sub-retângulos consideramos como uma célula da partição.

( ) No procedimento de decomposição do retângulo em sub-retângulos congruentes, quando desprezamos as células que não tocam a região R e numeramos as células restantes, as quais tocam R, de uma maneira conveniente as chamamos de ΔR_1, ΔR_2, ΔR_3, ..., ΔR_m. Assim, podemos considerar que cada uma dessas células tem uma área $\Delta x \cdot \Delta y$ e que juntas elas contêm a região R e aproximam-se de sua forma.

( ) Considerando-se uma malha que divide o retângulo em n^2 sub-retângulos e que são convergentes, podemos dizer que cada um tem uma área que pode ser obtida pelo modelo matemático $\Delta x \cdot \Delta y$.

( ) Cada uma das partes que compõem a divisão da figura em pequenos retângulos, íntegros na região limitada pela figura, apresenta áreas diferentes dos demais sub-retângulos que estão localizados dentro e fora dos limites da figura.

Agora, assinale a alternativa que corresponda corretamente à sequência obtida:
a. V, F, V, V.
b. V, V, V, V.
c. V, F, F, F.
d. V, V, F, F.

5) Assinale com verdadeiro (V) ou falso (F) as sentenças relacionadas à figura a seguir:

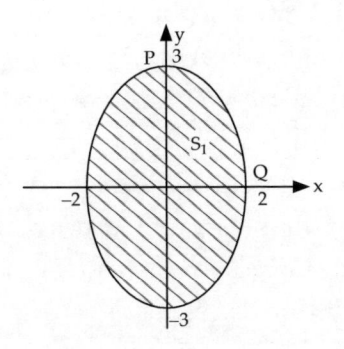

Fonte: Flemming; Gonçalves, 1992, p. 476.

( ) A figura é um exemplo de hipocicloide, limitada em $-2 < x < 2$ e $-3 < y < 3$.

( ) A figura é um exemplo de elipse, cujos limites são $-2 < x < 2$ e $-3 < y < 3$.

( ) A figura é um exemplo de elipse e apresenta simetria em quatro quadrantes, logo sua área poderá ser quadriplicada pelo valor de área S_1 representado no primeiro quadrante.

( ) A figura é um exemplo de elipse, e para obtermos a sua área total, realizamos o cálculo determinando os limites de integração t_0 e t_1, e usando as equações paramétricas da curva, pois, na elipse, observa-se que x varia de 0 a 2. Assim, o t_0 corresponde ao ponto P(0, 3) e t_1 corresponde ao ponto Q(2, 0).

Agora, assinale a alternativa que apresenta a sequência correta das respostas:

a. F, F, V, V.
b. V, V, V, V.
c. F, F, F, V.
d. F, V, F, V.

Atividades de aprendizagem

Questões para reflexão

1) Os fenômenos naturais são diversos e a geometria dimensional clássica envolve considerações a respeito da descrição de objetos unilaterais (linha), bilaterais (áreas) e tridimensionais (volumes). Todavia, considerar um barbante como unidimensional ou uma folha de papel como bidimensional é apenas uma questão de conveniência, e depende da perspectiva de quem utiliza o barbante ou a folha de papel. Dessa maneira, o matemático considera a folha de papel como uma estrutura extremamente fina de duas dimensões. O químico, por sua vez, ao usar a folha de papel como um filtro, necessita considerá-lo como uma rede de fibras tridimensional. Considerando isso, existe uma matemática que pode dar conta de todos os fenômenos identificáveis, formalizá-los e validá-los?

2) As atividades humanas estão interferindo sobre as características do planeta Terra. Essas atividades, por vezes, causam mudanças na distribuição espacial e temporal dos fluxos fluviais, o que também repercute na evaporação e na infiltração de áreas próximas ao leito dos rios e na biota circunvizinha. Há também outras atividades antropogênicas que afetam a superfície terrestre, como: urbanização; atividades agrícolas; como irrigação, drenagem, saneamento das terras e aplicações de fertilizantes químicos, desmatamentos e silvicultura; bem como atividades pastoris. Essas atividades podem causar, local e regionalmente, mudanças significativas na evaporação, no balanço hídrico, na frequência das cheias e das secas, na quantidade e qualidade das águas superficiais e subterrâneas e no reabastecimento das águas subterrâneas. Diante do exposto, faça uma reflexão e autoanalise de que forma a Matemática, como disciplina pode ser útil na redução do impacto relativo a essas atividades de intervenção humana.

Atividades aplicadas: prática

1) Faça uma pesquisa sobre fenômenos ambientais, com o intuito de entender o que são. Como a matemática é utilizada na interpretação desses fenômenos?

É possível explorarmos a matemática pelo estudo de suas regras?

Para responder a essa pergunta, entendemos que a matemática é utilitária para diversos campos do saber tecnológico e científico presentes no dia a dia. Por exemplo, existe uma matemática empregada no para o estudo da frequência de um circuito sintonizador, da sua capacitância, da sua indutância e da sua resistência, como é visto na área das engenharias elétrica e mecatrônica. Assim, neste capítulo procuramos apresenta o estudo das funções de mais de uma variável, além dos conceitos de limite e continuidade que são aplicados para algumas funções. De modo investigativo, apresentamos suas derivadas parciais, destacando a regra da cadeia, derivadas direcionais, planos tangentes e retas normais a superfícies, assim como o estudo de máximos e mínimos de funções envolvendo várias variáveis. Logo, este capítulo busca estabelecer de maneira clara os elementos que constituem o **cálculo diferencial e integral**, buscando também mostrar como a matemática se aproxima de situações práticas.

3

Funções de várias variáveis

3.1 Funções reais

No estudo da análise geométrica que envolve funções, aparecem situações numéricas que remetem ao estudo de duas ou mais variáveis. A representação geométrica pode ser feita pela utilização de pares ordenados, quando existem dois valores, triplas ordenadas para três valores e assim sucessivamente à medida que haja outros valores.

- **Par ordenado (x, y)**, em que o primeiro valor representa o **x** (abscissa), enquanto é o segundo representa o **y** (ordenada).
  - Exemplos de pares ordenados:

  (1;2); (3;4); (5;6)

- **Tripla ordenada (x, y, z)**, em que o primeiro valor representa **x** (abscissa), o segundo valor **y** (afastamento), e o terceiro valor representa **z** (cota).
  - Exemplos de triplas ordenadas:

  (1, 3, 4); (0, 5; 2, 1; 10); (1, 1, 1)

No espaço R^2, também conhecido como *espaço bidimensional*, os pares ordenados são representados geometricamente num produto cartesiano com um par de eixos ordenados, sendo um horizontal, utilizado para representar os valores de x, que chamamos de *eixo das abscissas* e um vertical utilizado para representar os valores de y, chamado de *eixo das ordenadas*.

A representação de um par ordenado (x, y) determinado por uma função f contínua num intervalo aberto (a, b) ou fechado [a, b] terá como interpretação os valores x (domínio da função) e y (imagem da função), havendo entre x e y uma correspondência biunívoca, ou seja, para cada valor de x haverá somente uma correspondente imagem y:

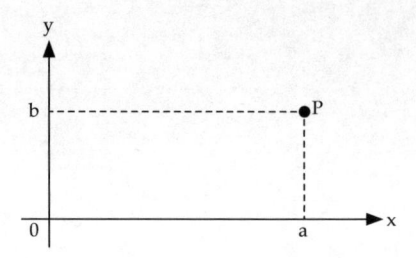

Fonte: Morettin; Hazzan; Bussab, 2005, p. 219.

No gráfico acima, temos P(a, b), em que:

- P é um ponto no plano cartesiano;
- a representa os valores de x abscissa;
- b representa os valores de y ordenada.

No espaço R^3, **tridimensional**, estabelecemos as relações da tripla (x, y, z) representando um ponto P num sistema de eixos x, y, z, dispostos perpendicularmente dois a dois. O valor de z (cota) representa a distância do ponto P em relação ao plano determinado pelos eixos x e y, precedido do sinal positivo (+) se o ponto estiver acima do plano e do sinal negativo (–) se estiver abaixo do plano.

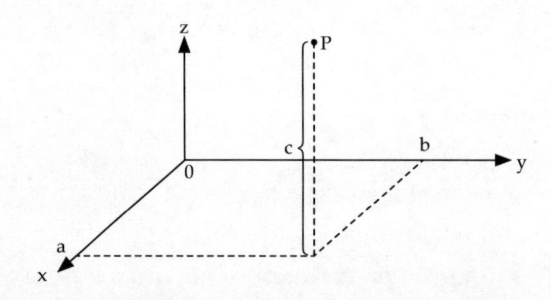

Fonte: Morettin; Hazzan; Bussab, 2005, p. 225.

Na imagem do gráfico temos P(a, b, c), em que:

- P é um ponto no plano cartesiano;
- a representa os valores de x abscissa;
- b representa os valores de y ordenada;
- c representa os valores de z cota.

No espaço R^n, **n-dimensional**, estabelecemos n-relações representadas por valores de conjunto domínio de uma função Dm(f), expresso por $(x_1, x_2, x_3, x_4, ..., x_n)$, com respectiva imagem da função Im(f) expressa por $f(x_1, x_2, x_3, x_4, ..., x_n)$.

Exemplo 1

Vejamos um conjunto A definido no espaço quadridimensional R^4 e a função $f(x, y, z, t) = x^2 + y^2 + z^2 + t^2$, que associa cada quádrupla ordenada de números reais à soma de seus quadrados.

Atribuindo valores x, y, z e t, calculamos:

$f(1, 2, 3, 4) = 30$, que quer dizer que quando $x = 1$, $y = 2$, $z = 3$, $t = 4$, temos:

$f(1, 2, 3, 4) = 1^2 + 2^2 + 3^2 + 4^2 = 1 + 4 + 9 + 16 = 30$

$f(-1, -1, -2, 0) = 6$, que quer dizer que quando $x = -1$, $y = -2$, $z = -3$, $t = -4$, temos:

$f(-1, -1, -2, 0) = (-1)^2 + (-1)^2 + (-2)^2 + 0^2 = 1 + 1 + 4 + 0 = 6$.

Exemplo 2

Uma fábrica produz três produtos em quantidades diferentes. Cada produto é representado por x_1, x_2, x_3, respectivamente, e a função do custo de fabricação desses três produtos é representada por $C(x_1, x_2, x_3) = 100 + 2 \cdot x_1 + 2 \cdot x_2 + 3 \cdot x_3$. Supondo que a empresa fabrica 3 unidades do primeiro produto x_1, 1 unidade do segundo produto x_2 e 4 unidades do terceiro produto x_3, vamos substituir os valores de 3, 1 e 4 unidades, respectivamente, em x_1, x_2, x_3. Assim, temos o custo:

$C(x_1, x_2, x_3) = 120$, que quer dizer que quando $x_1 = 3$, $x_2 = 1$, $x_3 = 4$, temos

$C(x_1, x_2, x_3) = 100 + 2 \cdot 1 + 2 \cdot 3 + 3 \cdot 4 = 100 + 2 + 6 + 12 = 120$

Logo, o custo será igual a 120.

Quando o domínio de uma função não está especificado, fica convencionado que o conjunto é mais amplo, sendo um subconjunto de R^n, de forma que as imagens da função são números reais.

Exercícios de fixação

1) Na função $f(x,y,z) = \dfrac{x^2 + y^2}{\sqrt{z-1}}$, sendo o domínio da função $Dm(f) = \{(x, y, z) \in R^3 / z > 1\}$, calcule:
   a. $f(1, 1, 2)$;
   b. $(-1, -3, -2)$;
   c. $f(c, c, c)$.

3.2 Limite e continuidade

Quando definimos os limites para uma função f, atribuindo valores para x domínio próximos de um ponto c, mas diferentes de c, entendemos que o limite da função f(x) pode existir, mesmo que essa função não esteja definida no ponto c.

Se a função está definida quando os valores de x domínio tendem ao valor c e existe o limite da função, poderá ocorrer que esse limite seja diferente para o valor numérico dessa função quando o valor x do domínio for igual a c.

Entretanto, quando o limite da função for igual ao valor numérico da função para x domínio igual a c, dizemos que a função é contínua em c. Para afirmar que uma função é contínua num ponto c, as seguintes condições deverão ser satisfeitas.

Primeira condição – A função é definida no ponto c.

Segunda condição – O limite da função existe quando x do domínio tende ao valor de **c**, ou seja, $\lim_{x \to c} f(x)$ existe.

Terceira condição – O limite da função deve ser igual à imagem da função quando **x** do domínio tende a **c**, ou seja, $\lim_{x \to c} f(x) = f(c)$.

A ideia de continuidade de uma função, intuitivamente, decorre da análise gráfica da função f(x), ou seja, quando o gráfico da função não apresenta interrupções, dizemos que ela é **contínua**:

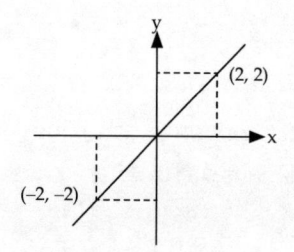

Ao contrário, é **descontínua**:

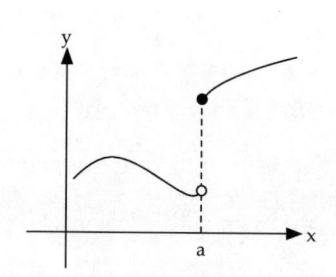

Fonte: Morettin; Hazzan; Bussab, 2005, p. 219.

Fonte: Flemming; Gonçalves, 1992, p. 23.

A não continuidade ou continuidade de uma função pode ser interpretada graficamente, observando-se os valores do ponto do Dm(f) em que existe ou não a Im(f).

Teorema I – Continuidade

Seja f uma função com duas variáveis. Se as derivadas parciais $\dfrac{df}{dy}$ e $\dfrac{df}{dy}$ são contínuas num conjunto aberto A, então f é diferenciável em todos os pontos de A.

Teorema II – Regra da cadeia

Seja f uma função de duas variáveis x e y, diferenciável num ponto (x_0, y_0) do domínio, e sejam as funções dadas por x(t) e y(t) diferenciáveis em t_0, de modo que $x(t_0) = x_0$ e $y(t_0) = y_0$, então a função F composta por f com x e y é tal que:

$$\frac{dF}{dt} \cdot (t_0) = \frac{df}{dx} \cdot (x_0, y_0) \cdot \frac{dx}{dt} \cdot (t_0) + \frac{df}{dy} \cdot (x_0, y_0) \cdot \frac{dy}{dt}(t_0), \text{ ou, ainda, abreviando:}$$

$$\frac{dF}{dt} = \frac{df}{dx} \cdot \frac{dx}{dt} + \frac{df}{dy} \cdot \frac{dy}{dt}$$

Sobre a continuidade, os teoremas I e II se aplicam para funções de três ou mais variáveis, como, por exemplo:

a. $f(x, y, z) = x^2 + y^2 - z^3$

b. $f(x, y, z, t) = \dfrac{2x + 3y}{y - 4z}$

c. $f(x, y, z, t) = \ln(x + y + z - t)$

Exercícios de fixação

2) Verifique a continuidade da função $f(x, y, z) = 2x + 3y + 4z$ em $(0, 2, 3)$ e obtenha o limite da função $\lim\limits_{(x,y,z) \to (0,2,3)} f(x, y, z) = 2x + 3y + 4z$.

3) Dadas as funções:

a. $f(x, y, z) = \begin{cases} x + y + 3z, & \text{se } (x, y, z) \neq (1, 1, 1) \\ 6, & \text{se } (x, y, z) = (1, 1, 1) \end{cases}$

Verifique se é contínua no ponto (1, 1, 1).

b. $f(x, y, z) = \begin{cases} \dfrac{1}{x^2 + y^2 + z^2}, & \text{se } (x, y, z) \neq (0, 0, 0) \\ 0, & \text{se } (x, y, z) = (0, 0, 0) \end{cases}$

Verifique se é contínua no ponto (0, 0, 0).

3.3 Derivadas parciais

Dizemos que uma função tem uma derivada parcial quando essa função está definida num subconjunto do domínio do R^n.

A função da derivada parcial em relação a um valor x_i é a derivada de f em relação a x_i uma vez que admitamos todas as outras variáveis como constantes. A nomenclatura para a derivada parcial de f em relação a x_i é:

$$f_{x_i} \text{ ou } \frac{\partial f}{\partial x_i}$$

Exemplo 3

Dada a função $f(x, y, z) = x^2 + y^3 + z^2 \cdot x$, calculando sua derivada parcial, temos:

$$f_x = 2x + z^2$$
$$f_y = 3y^2$$
$$f_z = 2 \cdot x \cdot z$$

Exemplo 4

Dada a função $f(x, y, z, t) = \ln(2x + 3y - z^2 + t^2)$, calculando a derivada parcial, temos:

$$f_x = \frac{2}{2x + 3y - z^2 + t^2}$$

$$f_y = \frac{3}{2x + 3y - z^2 + t^2}$$

$$f_z = \frac{-2z}{2x + 3y - z^2 + t^2}$$

$$f_t = \frac{2t}{2x + 3y - z^2 + t^2}$$

Exercícios de fixação

4) Calcule as derivadas parciais para as seguintes funções:
   a. $f(x, y, z) = 3x + 5y - 6z$
   b. $f(x, y, z) = 2xy + 2xz + 3yz$
   c. $f(x, y, z) = x^{0,5} + y^{1,5} + 2 \cdot x \cdot z^{0,25}$

d. $f(x, y, z, t) = 2xy - 3zt$

e. $f(z, y, z, t) = \ln(2x^2 + y^2 - zt^2)$

5) Dada a função $f(x, y, z) = 3x + 4y + 5z$, calcule $x \cdot \dfrac{\partial f}{\partial x} + y \cdot \dfrac{\partial f}{\partial y} + z \cdot \dfrac{\partial f}{\partial z}$.

6) Uma fábrica tem como função de produção $P = 2x^{0,2} \cdot y^{0,3} \cdot z^{0,5}$. Assim:

a. Calcule as produtividades marginais $\dfrac{\partial P}{\partial x}, \dfrac{\partial P}{\partial y}, \dfrac{\partial P}{\partial z}$.

b. Mostre que $x \cdot \dfrac{\partial P}{\partial x} + y \cdot \dfrac{\partial P}{\partial y} + z \cdot \dfrac{\partial P}{\partial z} = P$.

3.4 Funções diferenciáveis

Dizemos que uma função é diferenciável quando essa função está definida num subconjunto do domínio do R^n, e seja $(x_{1_0}, x_{2_0}, ..., x_{n_0})$ num ponto do x domínio. Considerando a variação de $f(\Delta f)$ que ocorre para os valores da imagem $f(x_1, x_2, ..., x_n)$ quando passa do ponto $(x_{1_0}, x_{2_0}, ..., x_{n_0})$ para um ponto $(x_{1_0} + \Delta x_{1_0} + x_{2_0}, ..., x_{n_0} + \Delta x_{n_0})$, a função será diferenciável no ponto $(x_{1_0}, x_{2_0}, ..., x_{n_0})$ se Δf puder ser escrita na forma: $\Delta f = \sum_{i=1}^{n} \dfrac{\partial f}{\partial x_i} \cdot (x_{1_0}, x_{2_0}, ..., x_{n_0}) \cdot \Delta x_{i_0} + \sum_{i=1}^{n} h_i \cdot (\Delta x_{1_0}, \Delta x_{2_0}, ..., \Delta x_{n_0})$, em que as funções h_i têm todas limites iguais a zero quando $(\Delta x_{1_0}, \Delta x_{2_0}, ..., \Delta x_{n_0})$ tende a $(0, 0, 0, ..., 0)$. Caso a função seja diferenciável, a diferencial de f será indicada por df e terá valor igual a $df = \sum_{i=1}^{n} \dfrac{\partial f}{\partial x_i} \cdot (x_{1_0}, x_{2_0}, ..., x_{n_0}) \cdot \Delta x_{i_0}$.

Por analogia de funções para duas variáveis, f será diferenciável se suas derivadas parciais forem contínuas.

Exemplo 5

Dada a função $f(x, y, z) = x^2 + y^2 + z^2$, esta será diferenciável em todos os pontos do R^3? Calculando, temos:

$\dfrac{\partial f}{\partial x} = 2x, \dfrac{\partial f}{\partial y} = 2y; \dfrac{\partial f}{\partial z} = 2z$, o que prova continuidade. Logo, a diferencial será:

$df = 2x \cdot \Delta x + 2y \cdot \Delta y + 2z \cdot \Delta z$.

Exercícios de fixação

7) Nas funções a seguir, calcule a diferencial de cada uma delas num ponto genérico.

a. $f(x, y, z) = 2x + 3y + 4z$.

b. $f(x, y, z) = e^{x - y + z^2 + t^2}$

8) Numa fábrica de bonés, a função do custo na fabricação para três modelos diferentes x, y, z é dada por $C = 10 + 2x + y + z + xy$. Calcule a diferencial do custo:

a. No ponto $x = y = 10$ e $z = 20$, para $\Delta x = \Delta y = \Delta z = 0{,}1$.

b. No ponto genérico (x, y, z), para $\Delta x = \Delta y = 0{,}1$ e $\Delta z = 0{,}05$.

c. No ponto genérico (x, y, z), para $\Delta x = \Delta y = \Delta z = h$.

3.5 Regra da cadeia

Consideramos a regra da cadeia aplicada a uma função f que esteja definida num conjunto do R^n, diferenciável num ponto $(x_{1_0}, x_{2_0}, ..., x_{n_0})$ do x domínio. As funções dadas por $x_1(t), x_2(t), ..., x_n(t)$ diferenciáveis em t_0, de modo que:

$$x_1(t_0) = x_{1_0}, x_2(t_0) = x_{2_0}, ..., x_n(t_0) = x_{n_0}$$

Então, a função F, composta de f com $x_1, x_2, ..., x_n$, dada por $F(t) = f(x_1(t), x_2(t), ..., x_n(t), ..., x_n(t)$, tal que: $\dfrac{dF}{dt}(t_0) = \sum_{i=1}^{n} \dfrac{\partial f}{\partial x_i} \cdot (x_{1_0}, x_{2_0}, ..., x_{n_0}) \dfrac{dx_i}{dt} \cdot (t_0)$.

Exemplo 6

Dada a função definida em R^3, em que $f(x, y, z) = 2x + 3y + 4z$, $x(t) = 2t$, $y(t) = 3t - 2$ e $z(t) = t - 4$, e a função composta de f com x, y e z é dada por:

$$F(t) = 2 \cdot (2t) + 3 \cdot (3t - 2) + 4 \cdot (t - 4) = 17t - 22$$

Calculamos $\dfrac{dF}{dt}$ diretamente, então, $\dfrac{dF}{dt} = 17$. Em seguida, calculamos $\dfrac{dF}{dt}$ pela regra da cadeia:

$$\dfrac{\partial F}{\partial x} = 2, \dfrac{\partial F}{\partial y} = 3, \dfrac{\partial F}{\partial z} = 4, \quad \dfrac{dx}{dt} = 2, \dfrac{dy}{dt} = 3, \dfrac{dz}{dt} = 1$$

Chegamos ao resultado:

$$\dfrac{dF}{dt} = 2 \cdot (2) + 3 \cdot (3) + 4 \cdot (1) = 17$$

Exercícios de fixação

9) Sendo F a composta de f com x, y e z, obtenha a derivada $\dfrac{dF}{dt}$ nas funções:

a. $f(x, y, z) = 3x + 4y - 6z$, $x(t) = 2t$, $y(t) = t^2$ e $z(t) = t - 1$

b. $f(x, y, z) = x + 2y + z^2$, $x(t) = \operatorname{sen} t$, $y(t) = \cos t$ e $z(t) = t^2$

c. $f(x, y, z) = e^{x+y+z}$, $x(t) = t^2$, $y(t) = t^3$ e $z(t) = t - 2$.

d. $f(x, y, z) = x^2 \cdot y + y \cdot z^2$, $x(t) = \dfrac{1}{t}$, $y(t) = \dfrac{1}{t^2}$, $z(t) = \dfrac{1}{t^3}$.

3.6 Derivada direcional

Ao executar o cálculo das derivadas parciais de f em relação à variável x_i, no ponto em que x_0, $\dfrac{\partial f}{\partial x_i}(x_0)$ fornece a taxa de variação da função em relação à variação da variável x_i no ponto x_0, interpretamos que $\dfrac{\partial f}{\partial x_i}(x_0)$ nos dá taxa de variação da função f numa determinada direção coordenada. A obtenção dessa taxa de variação da função numa direção arbitrária é o que chamamos de *derivada direcional*.

Calculamos a derivada direcional admitindo que f seja uma função definida no conjunto R^n, tomando valores x do domínio $(x_1, x_2, ..., x_n)$ e obtendo $f(x) = f(x_1, x_2, ..., x_n)$.

Ao escrever um campo escalar no plano cartesiano de coordenadas x e y que seja descrito por uma função diferenciável a duas variáveis, consideramos que $z = f(x, y)$ será o valor do campo escalar no ponto genérico $P = (x, y)$ e L uma reta no plano (x, y). Com o movimento do ponto P ao longo da reta L, o valor de z poderá variar, gerando taxas de variação $\dfrac{dz}{ds}$ e estabelecendo, assim, uma relação entre a distância "s" ao longo da reta L. Para viabilizar a obtenção dos valores de $\dfrac{dz}{ds}$, introduzimos um vetor unitário $\bar{u} = a\bar{i} + b\bar{j}$, paralelo a L e na direção do movimento de P ao longo de L. Portanto, se $P = (x, y)$ está a "s" unidades de um ponto $P_0 = (x_0, y_0)$ em L, então $\overline{P_0P} = s \cdot \bar{u}$; isto é:

$$(x - x_0) \cdot \bar{i} + (y - y_0)\bar{j} = a \cdot s \cdot \bar{i} + b \cdot s \cdot \bar{j}$$

Matematicamente, igualando os componentes x e y, temos:

$$(x - x_0) = a \cdot s \text{ e } (y - y_0) = b \cdot s$$

se dizemos que

$x = x_0 + a \cdot s$ e $y = y_0 + b \cdot s$, podemos escrever:

$$\dfrac{dx}{ds} = a \text{ e } \dfrac{dy}{ds} = b$$

Pela regra da cadeia, temos:

$$\dfrac{dz}{ds} = \dfrac{\partial z}{\partial x} \cdot \dfrac{dx}{ds} + \dfrac{\partial z}{\partial y} \cdot \dfrac{dy}{ds} = \dfrac{\partial z}{\partial x} \cdot a + \dfrac{\partial z}{\partial y} \cdot b$$

Os gráficos a seguir mostram a ideia da derivada direcional:

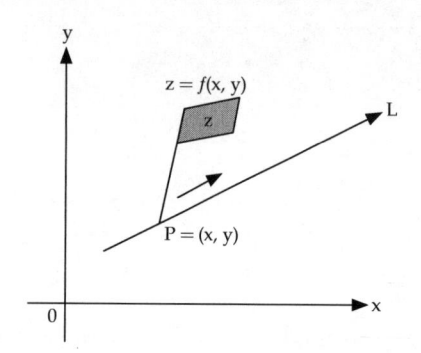

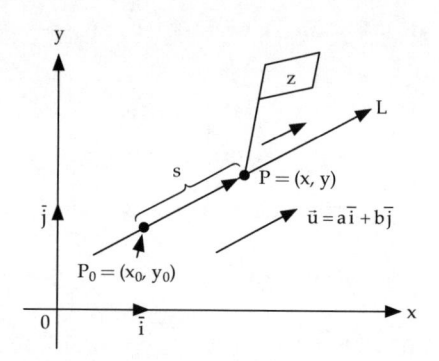

Fonte: Munem; Foulis, 1982, p. 883.   Fonte: Munem; Foulis, 1982, p. 883.

A derivada direcional da função na direção $\vec{u}$ é escrita na forma:

$$D_{\vec{u}}z = \frac{\partial z}{\partial x} \cdot a + \frac{\partial z}{\partial y} \cdot b \text{ ou } D_{\vec{u}}f(x,y) = f_1(x,y) \cdot a + f_2(x \cdot y) \cdot b, \text{ em que } \vec{u} = a\vec{i} + b\vec{j}.$$

Particularmente, se o vetor $\vec{u}$ for um vetor unitário que faz um ângulo θ com o eixo positivo de x, então escrevemos:

$$\vec{u} = (\cos\ \theta)\vec{i} + (\sen\ \theta)\vec{j} \text{ ou } D_{\vec{u}}f(x,y) = f_1(x,y) \cdot \cos\theta + f_2(x \cdot y) \cdot \sen\theta$$

Exemplo 7

Sendo $D_{\vec{u}}z$, observado no ponto P(2,–3) com vetor unitário na direção $\vec{u} = (\cos\frac{\pi}{3})\vec{i} + (\sen\frac{\pi}{3})\vec{j}$, na função $z = 4 \cdot x^2 - 5 \cdot x \cdot y^2$, calculamos a variação:

$$D_{\vec{u}}z = \frac{\partial z}{\partial x} \cdot a + \frac{\partial z}{\partial y} \cdot b = (8x - 5y^2)\vec{i} + (-10xy) \cdot \vec{j}$$

Calculamos a variação no ponto P(2,–3), substituindo os respectivos valores de x e y, em:

$$D_{\vec{u}}z = \frac{\partial z}{\partial x} \cdot a + \frac{\partial z}{\partial y} \cdot b = (8x - 5y^2)\vec{i} + (-10xy) \cdot \vec{j} =$$

$$= [(8 \cdot (2) - 5 \cdot (-3)^2) \cdot \vec{i}] + [(-10 \cdot (2) \cdot (-3))] = -29\vec{i} + 60\vec{j}$$

Calculamos a derivada direcional:

$$D_{\bar{u}}z = \left[\left(\cos\frac{\pi}{3}\right)\right]\cdot\bar{i} + \left[\left(\text{sen}\frac{\pi}{3}\right)\cdot\bar{j}\right]\cdot(-29\bar{i} + 60\bar{j}) =$$

$$= -29\cos\frac{\pi}{3} + 60\text{sen}\frac{\pi}{3} = (-29)\cdot\left(\frac{1}{2}\right) + 60\cdot\left(\frac{\sqrt{3}}{2}\right) = \frac{60\sqrt{3} - 29}{2}$$

Exemplo 8

Seja $z = 60 + \left(\frac{x}{20}\right)^2 + \left(\frac{y}{25}\right)^2$, que representa a temperatura em graus C no ponto (x, y) em que as distâncias são medidas em metros, vamos determinar a velocidade que varia a temperatura em graus C por metro quando nos movemos da esquerda para direita pelo ponto (60, 75) ao longo da reta L que faz um ângulo de 30° com o eixo positivo das abscissas.

Calculando, temos um vetor unitário $\bar{u}$ que está paralelo a L e na direção do movimento ao longo de L, e será dado por $\bar{u} = (\cos 30°)\cdot\bar{i} + (\text{sen}30°)\bar{j} = \left(\frac{\sqrt{3}}{2}\right)\bar{i} + \left(\frac{1}{2}\right)\bar{j}$, então:

$$D_{\bar{u}}z = \frac{\partial z}{\partial x}\cdot\left(\frac{\sqrt{3}}{2}\right) + \frac{\partial z}{\partial y}\cdot\left(\frac{1}{2}\right) = \left[2\cdot\frac{x}{20}\right]\cdot\left(\frac{\sqrt{3}}{2}\right) + \left[2\cdot\left(\frac{y}{25}\right)\right]\cdot\left(\frac{1}{2}\right) = \frac{\sqrt{3}x}{20} + \frac{y}{25}$$

Fazendo x = 60 e y = 75, determinamos a taxa de variação de z quando há o movimento através do ponto (60, 75) na direção do vetor $\bar{u}$. Assim, temos:

$$\frac{\sqrt{3}\cdot(60)}{20} + \frac{75}{25} = 3\cdot\sqrt{3} + 3 \cong 8,2 \text{ graus C por metro.}$$

Como temos o vetor $\bar{i}$ formando um ângulo $\theta = 0$ com o eixo positivo do x:

$$D_{\bar{i}}z = \frac{\partial z}{\partial x}\cos\theta + \frac{\partial z}{\partial y}\text{sen}\theta = \frac{\partial z}{\partial x}$$

Como o vetor $\bar{j}$ forma um ângulo $\theta = \frac{\pi}{2}$, então:

$$D_{\bar{j}}z = \frac{\partial z}{\partial x}\cos\frac{\pi}{2} + \frac{\partial z}{\partial y}\text{sen}\frac{\pi}{2} = \frac{\partial z}{\partial y}$$

Vejamos que as derivadas direcionais de z nas direções dos eixos das abscissas x e das ordenadas y são as derivadas parciais de z. Assim, a derivada direcional $D_{\bar{u}}z$ permite ser expressa na forma de produto escalar:

$$D_{\bar{u}}z = \frac{\partial z}{\partial x} \cdot a + \frac{\partial z}{\partial y} \cdot b = (a \cdot \bar{i} + b\bar{j}) \cdot \left(\frac{\partial z}{\partial x}\bar{i} + \frac{\partial z}{\partial y}\bar{j}\right) = \bar{u} \cdot \left(\frac{\partial z}{\partial x} \cdot \bar{i} + \frac{\partial z}{\partial y} \cdot \bar{j}\right)$$

Logo, temos o vetor:

$\frac{\partial z}{\partial x} \cdot \bar{i} + \frac{\partial z}{\partial y} \cdot \bar{j}$, em que os componentes escalares são as derivadas parciais de z em relação ao eixo das abscissas x e ordenadas y, e o qual será chamado de *gradiente do campo escalar z*, podendo ser escrito da forma $\Delta z = \frac{\partial z}{\partial x} \cdot \bar{i} + \frac{\partial z}{\partial y} \cdot \bar{j}$ ou $\Delta f(x,y) = f_1(x,y)\bar{i} + f_2(x,y)\bar{j}$. Numa forma de escrita simplificada, temos: $D_{\bar{u}}z = \bar{u} \cdot \Delta z$ ou $D_{\bar{u}}f(x,y) = \bar{u} \cdot \Delta f(x,y)$. Em geral, podemos concluir que a derivada direcional de um campo escalar numa determinada direção será o produto escalar dessa direção pelo gradiente do campo escalar.

Exercícios de fixação

10) Sendo $f(x,y) = 4 \cdot x^2 - 5 \cdot x \cdot y^2$, calcule:
   a. a variação de z.
   b. o valor de z no ponto P(2,–3).
   c. a derivada direcional $D_{\bar{u}}z$ no ponto P, com vetor $\bar{u} = (\cos\frac{\pi}{3})\bar{i} + (\operatorname{sen}\frac{\pi}{3})\bar{j}$.

3.7 Máximos e mínimos

Os conceitos básicos sobre máximos e mínimos, que tratam de extremo absoluto, mínimo absoluto, pontos críticos aplicáveis para funções de uma variável, valem também para funções de duas ou mais variáveis. Iniciamos o estudo de tais conceitos utilizando algumas definições:

Definição I
Uma função f definida por duas variáveis tem um valor máximo relativo na imagem f(a, b) no ponto P de coordenadas (a, b) se ocorrer a existência de um disco circular de raio positivo com centro em (a, b), tal que se (x, y) é um ponto no interior da vizinhança, dizemos que (x, y) está no domínio de f e f(x, y) ≤ f(a, b).

Definição II
Uma função f definida por duas variáveis tem um valor mínimo relativo na imagem f(a, b) se ocorrer a existência de um disco circular de raio positivo com centro em (a, b), tal que se (x, y) é um ponto no interior da vizinhança, dizemos que (x, y) está no domínio de f e f(x, y) ≥ f(a, b).

Definição III
Dizemos que um valor máximo ou mínimo relativo de uma função é o valor extremo relativo ou extremo relativo da função.

Exemplo 9

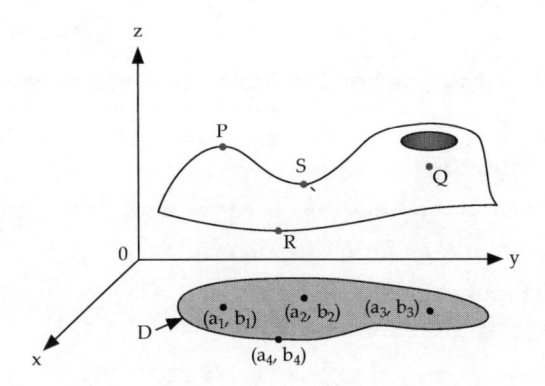

Fonte: Munem; Foulis, 1982, p. 905.

No gráfico acima, temos a superfície de uma colina que está representada pela função f a duas variáveis. O ponto P, localizado no cume da colina, representa um valor que chamamos de *máximo relativo da função f*, pois f(a_1, b_1). A altura de P, localizado acima do plano x e y, é maior que todos os valores próximos de f(x, y), logo, por análise geométrica, temos o ponto Q, localizado na depressão que corresponde a um mínimo relativo, pois f(a_3, b_3). O ponto S, situado no desfiladeiro, não poderá ser considerado um máximo ou um mínimo relativo, pois há um aumento da altura sobre o plano (x, y) quando ocorre um movimento do ponto S na direção do ponto P, enquanto que, no sentido do ponto S para R, há uma diminuição na altura em direção à borda da superfície. No ponto R, não há uma representação de um extremo relativo de f, pois há ausência de um disco circular com raio positivo e com centro definido em (a_4, b_4) e que esteja contido no domínio da função.

Teorema III – Extremo relativo

Para obtermos um extremo relativo, consideramos que (a, b) seja um ponto no interior do domínio da função f e que suas derivadas parciais f_1(a, b) e f_2(a, b) existam. Então, se a função f tem um extremo relativo em (a, b), necessariamente f_1(a, b) = 0 e f_2(a, b) = 0.

> ### Definição IV
> Denominamos como ponto crítico de uma função f um ponto (a,b) no domínio de f, de modo que a taxa de f(a, b) não exista ou seja igual a zero. Quando um ponto crítico de uma função f a duas variáveis está no interior do domínio de f, é denominado como ponto crítico no interior do domínio da função.

Pelo **Teorema do extremo relativo**, se a função f apresenta um extremo relativo em (a, b), então (a, b) precisa ser um ponto crítico no interior do domínio da função.

A localização de todos os pontos relativos em uma função f é dada quando encontrados todos os pontos críticos interiores ao seu domínio, porém alguns desses pontos podem corresponder a extremos relativos, mesmo que alguns deles possam ocorrer em pontos de sela, ou seja, pontos críticos em que a função não apresenta máximos e nem mínimos relativos.

Teorema IV – Teste da segunda derivada

Sendo f uma função em que ocorre a existência das primeiras e das segundas derivadas parciais contínuas em algum disco circular com centro determinado em (a, b) contido no domínio de f, supomos que (a, b) seja um ponto crítico da função, ou seja, $f_1(a, b) = f_2(a, b) = 0$, e ainda que a taxa de variação seja dada por:

$$\Delta = \begin{vmatrix} f_{11}(a,b) & f_{21}(a,b) \\ f_{11}(a,b) & f_{22}(a,b) \end{vmatrix} = f_{11}(a,b) \cdot f_{22}(a,b) - \left[f_{12}(a,b) \right]^2$$

Para o teste da segunda derivada, vamos analisar o comportamento dos valores do delta (Δ).
Valores do delta positivo:

Se $\Delta > 0$ e $f_{11}(a, b) + f_{22}(a, b) < 0$, a função terá máximo relativo em (a, b).

Se $\Delta > 0$ e $f_{11}(a, b) + f_{22}(a, b) > 0$, a função terá mínimo relativo em (a, b).

Se $\Delta < 0$, a função terá um ponto de sela em (a, b).

Se $\Delta = 0$, então há necessidade de outros métodos a serem aplicados.

Exemplo 10

Dada a função $f(x, y) = x^2 + y^2 - 2x + 4y + 2$, vamos encontrar todos os pontos críticos do domínio das funções dadas, aplicando o teste da segunda derivada para que possamos decidir, se possível, quais dos pontos máximos, mínimos ou de sela ocorrem nessa função.

$f_1(x, y) = 2x - 2$, $f_2(x, y) = 2y + 4$, logo:

$f_{11}(x, y) = 2$, $f_{12}(x, y) = 0$, $f_{21}(x, y) = 0$ e $f_{22}(x, y) = 2$

Para determinação dos pontos críticos, resolvemos o sistema de equações da seguinte forma pelas funções $f_1(x, y) = 0$ e $f_2(x, y) = 0$, ou seja,

$\begin{cases} f_1(x,y) = 0 \\ f_2(x,y) = 0 \end{cases}$, isto é, $\begin{cases} 2x - 2 = 0 \\ 2y + 4 = 0 \end{cases}$

A única solução para esse sistema será $x = 1$ e $y = -2$, e, sendo assim, o ponto (1, –2) será o único crítico na função f. Calculando o valor do delta (Δ), temos:

$$\Delta = \begin{vmatrix} f_{11}(1,-2) & f_{21}(1,-2) \\ f_{12}(1,-2) & f_{22}(1,-2) \end{vmatrix} = \begin{vmatrix} 2 & 0 \\ 0 & 2 \end{vmatrix} = 4 - 0 = 4 > 0 \text{, e fazendo}$$

$f_{11}(1, -2) + f_{22}(1, -2) = 2 + 2 = 4 > 0$, podemos dizer que a função tem um mínimo relativo em (1, –2).

Teorema V – Extremo absoluto

Seja uma função f de duas variáveis e f apresenta um valor máximo absoluto f(a, b) no ponto (a, b), de seu domínio D se f(x, y) ≤ f(a, b) para todo ponto (x, y) do domínio. Dizemos que f tem um valor mínimo absoluto f(c, d) no ponto (c, d) de seu domínio D se f(x, y) ≥ f(c, d) para todo ponto (x, y) do domínio. O valor máximo ou mínimo absoluto é denominado *extremo absoluto*.

Teorema VI – Existência do extremo absoluto

A existência do extremo absoluto ocorre se a função f tem um domínio que não seja apenas limitado, mas também contenha todos os pontos de sua própria fronteira. Portanto, f apresenta um valor máximo absoluto e um valor mínimo absoluto. Contudo, um extremo absoluto que existe no ponto interior do domínio da função será um extremo relativo dessa função. Um extremo absoluto de função que não seja um extremo relativo precisa ocorrer num ponto de fronteira pertencente ao domínio. Para localizarmos o extremo absoluto, é necessário primeiramente encontrarmos todos os extremos relativos e, então, realizarmos a comparação entre o maior e o menor dos valores da função ao longo da fronteira.

Exemplo 11

Uma placa metálica de forma circular com raio igual a 1 metro é posicionada com seu centro na origem de um plano cartesiano de coordenadas xy e é aquecida de modo que a temperatura no ponto central do plano é dada por $T = 64 \cdot (3x^2 - 2 \cdot xy + 3y^2 + 2y + 3)$ graus C. Considerando x e y em metros, vamos determinar a menor temperatura na placa.

Começamos considerando que:

$\frac{\partial T}{\partial x} = 64 \cdot (6x - 2y)$ e $\frac{\partial T}{\partial y} = 64 \cdot (-2x + 6y + 2)$ sejam os pontos críticos no interior do disco circular. Fazendo a linearização da expressão, temos:

$\begin{cases} 64 \cdot (6x - 2y) = 0 \\ 64 \cdot (-2x + 6y + 2) = 0 \end{cases}$, encontrando como solução única desse sistema $\left(-\frac{1}{8}, -\frac{3}{8}\right)$, sendo este exatamente o único ponto crítico sobre a placa. Testando a derivada da segunda em $\left(-\frac{1}{8}, -\frac{3}{8}\right)$, precisamos dos valores:

$$\frac{\partial^2 T}{\partial x^2} = 64 \cdot (6) \; , \frac{\partial^2 T}{\partial x \cdot \partial y} = 64 \cdot (-2) \; \text{e} \; \frac{\partial^2 T}{\partial y^2} = (64) \cdot (6)$$

Desse modo, no ponto crítico teremos:

$$\Delta = \frac{\partial^2 T}{\partial x^2} \cdot \frac{\partial^2 T}{\partial y^2} - \left(\frac{\partial T}{\partial x \cdot \partial y}\right)^2 = (384) \cdot (384) - (-128)^2 = 131.072 > 0 \; \text{e}$$

$$\frac{\partial^2 T}{\partial x^2} \cdot \frac{\partial^2 T^2}{\partial y^2} = (384) + (384) = 768 > 0,$$ o que corresponde a uma temperatura mínima relativa de $64 \cdot [3 - \left(-\frac{1}{8}\right)^2 - 2 \cdot \left(-\frac{1}{8}\right) \cdot \left(-\frac{3}{8}\right) + 3 \cdot \left(-\frac{3}{8}\right)^2 + 2 \cdot \left(-\frac{3}{8}\right) + 3] = 296$ °C no ponto $\left(-\frac{1}{8}, -\frac{3}{8}\right)$.

Examinando os valores obtidos para a temperatura T ao longo da fronteira $x^2 + y^2 = 1$ da placa circular, fazemos: $x = \cos\theta$ e $y = \sen\theta$. Como o ângulo θ varia de 0 a 2π, o ponto (x,y) percorre a fronteira da placa. Logo, a temperatura T no ponto que corresponde a θ será dada por:

$T = 64 \cdot (3\cos^2\theta - 2 \cdot \cos\theta \cdot \sen\theta + 3\sen^2\theta + 2\sen\theta + 5) =$

$= 64 \cdot (3 - 2\cos\theta \cdot \sen\theta + 2\sen\theta + 5) =$

$= 64 \cdot (8 - 2\cos\theta \cdot \sen\theta + 2\sen\theta)$

$= 128 \cdot (4 - \cos\theta \cdot \sen\theta + \sen\theta)$

Desse modo, na fronteira da placa temos:

$$\frac{dT}{d\theta} = 128 \cdot (\sen^2\theta - \cos^2\theta + \cos\theta) = 128 \cdot (1 - 2\cos^2\theta + \cos\theta)$$

Como solução para os valores críticos do ângulo θ sobre a fronteira, temos:

$1 - 2 \cdot \cos^2\theta + \cos\theta = 0$, ou $2 \cdot \cos^2\theta - \cos\theta - 1 = 0$, isto é $(2\cos^2\theta + 1) \cdot (\cos\theta - 1) = 0$

Assim, $\cos\theta = -\frac{1}{2}$ ou $\cos\theta = 1$. Logo, os valores críticos do ângulo θ serão:

$\theta = \frac{2\pi}{3}$, $\theta = \frac{4\pi}{3}$, e $\theta = 0$.

Quando $\theta = \frac{2\pi}{3}$, temos:

$T = 128 \cdot \left(4 - \cos\frac{2\pi}{3} \cdot \sen\frac{2\pi}{3} + \sen\frac{2\pi}{3}\right) = 32 \cdot (16 + 3\sqrt{3}) \approx 678,28$ °C.

Quando $\theta = \frac{4\pi}{3}$, temos:

$T = 128 \cdot \left(4 - \cos\frac{4\pi}{3} \cdot \sen\frac{4\pi}{3} + \sen\frac{2\pi}{3}\right) = 32 \cdot (16 + 3\sqrt{3}) \approx 345,72$ °C.

Quando $\theta = 0$, temos:

$T = 128 \cdot (4 - \cos\theta \cdot \sen\theta + \sen\theta) = 512$ graus C.

Concluímos que, sobre a fronteira da placa, ocorre: a máxima temperatura de 678,28 °C e a mínima temperatura de 345,72 °C. A temperatura relativa de 296 °C no interior da placa é menor do que a mínima da fronteira, por isso é considerada a temperatura mínima absoluta sobre a placa. Logo, a temperatura mínima absoluta sobre a placa será de 296 °C e a temperatura máxima absoluta será de 678,28 °C.

Exercícios de fixação

11) Observe abaixo um exemplo de uma folha metálica com 12 centímetros de largura:

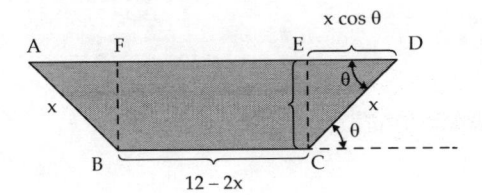

Fonte: Munem; Foulis, 1982, p. 911.

Deseja-se obter uma calha dobrando-se as bordas da folha de iguais quantidades de modo que as abas tenham o mesmo ângulo com a horizontal. Determine:
a. a largura das abas;
b. o ângulo que deve ser feito a fim de obter uma capacidade máxima.

Teorema VII – Teorema de Fubini

O Teorema de Fubini é aplicado no cálculo da integral de uma função definida num intervalo limitado no espaço R^n, por meio dos chamados *integrais iterados*. Considerando D a tripla ordenada $D \cap \{(x, y, z) : x = c\}$ observada no espaço R^3, o corte em D perpendicular ao eixo das abscissas x será do mesmo modo que os cortes perpendiculares aos eixos do afastamento y e da cota z.

Seja o conjunto $D \subset R^3$, em que $D = \{(x, y, z) \in R^3$, sendo $a \le x \le b$; $c(x) \le y \le d(x)$; $0 \le z \le f(x, y)$, em que a $f : R^2 \to R$ é uma função contínua, e seja I um intervalo limitado que contém o conjunto D e seja $f : I \to R$ a função definida por $f(x,y,z) = \begin{cases} 1, \text{se } (x,y,z) \in D \\ 0, \text{se } (x,y,z) \in I \setminus D \end{cases}$, sabemos que o volume de D será dado pela integral da função f, ou seja, $Vol(D) = \int_I f$. Vejamos os gráficos a seguir, que mostram a ideia do corte:

Fonte: Pires, 2016, p. 7.

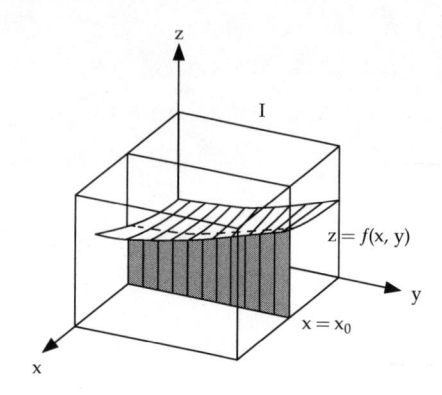

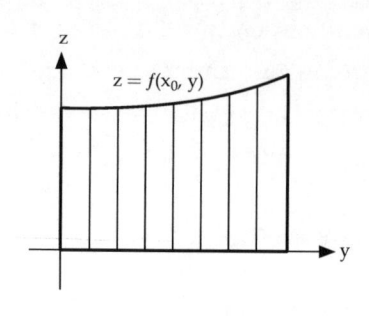

Fonte: Pires, 2016, p. 7.

Os gráficos acima mostram o conjunto $\{D(x_0, y, z) \in R^3 : c \leq y \leq d; 0 \leq z \leq f(x_0, y)\}$ escrito com uma quantidade de cortes perpendiculares ao eixo Ox. Para cada $x = x_0$ no intervalo fechado [a, b], o respectivo corte será o conjunto: $D = \{(x_0, y, z) \in R^3 : c \leq y \leq d; 0 \leq z \leq f(x_0, y)\}$.

Na análise dos gráficos, os coeficientes a, b, c, d são constantes. Cada um dos cortes pode ser interpretado como um sub-conjunto de R^2, pois $f(x_0, y, z) = 1$, e desde que $c \leq y \leq d$ e $0 \leq z \leq f(x, y)$, temos:

$$A(x) = \int_c^d \left(\int_0^{f(x,y)} dz \right) dy$$

Aplicando o Teorema de Fubini, o volume de D será dado pela integral,

$$\text{Vol}(D) = \int_a^b A(x)dx = \int_a^b \left(\int_{c(x)}^{d(x)} \left(\int_0^{f(x,y)} dz \right) dy \right) dx$$

Exemplo 12

Considerando-se uma pirâmide triangular e um conjunto $D = \{(x,y,z)\}$ pertencente ao universo do R^3, e seja dado $x + y + z < 1$, $x > 0$, $y > 0$, $z > 0$, escrevemos o integral iterado da forma $\int (\int (\int dx)dy)dz$, fixando que $0 < z = c < 1$, obtendo o corte em D perpendicular ao eixo da cota z, dado por:

$$D \cap \{z = c\} = \{(x,y,z) : x + y < 1 - c; x > 0; y > 0\}$$
$$= \{(x,y,z) : 0 < y < 1 - c; 0 < x < 1 - c - y\}$$

Temos, então, os seguintes gráficos:

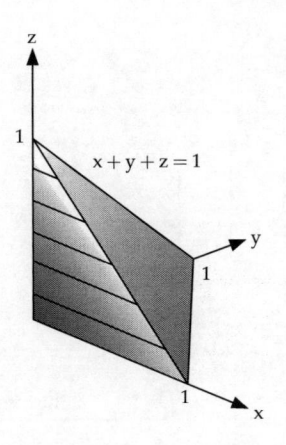

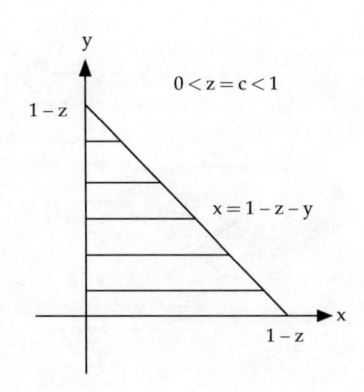

Fonte: Pires, 2016, p. 8. Fonte: Pires, 2016, p. 8.

Assim, o conjunto D passa a ser escrito como uma coleção de cortes perpendiculares ao eixo da cota z, então:

$$D = \{(x,y,z) \in R^3 : 0 < z < 1;\ 0 < y < 1-z;\ 0 < x < 1-z-y\}$$

Portanto,

$$\text{Vol}(D) = \int_0^1 \left(\int_0^{1-z} \left(\int_0^{1-z-y} dx \right) dy \right) dz =$$

$$= \int_0^1 \left(\int_0^{1-z} (1-z-y)dy \right) dz$$

$$= \frac{1}{2}\int_0^1 (1-z)dz = \frac{1}{6}$$

Para o integral iterado da forma $\int (\int (\int dx)dy)dz$, fixamos $0 < x = a < 1$ e obtemos o correspondente corte em D com o plano x = a.

$$D \cap \{x = a\} = \{(a,y,z) : y + z < 1-a; y > 0; z > 0\}$$

$$= \{(a,y,z) : 0 < z < 1-a-y; 0 < y < 1-a\}$$

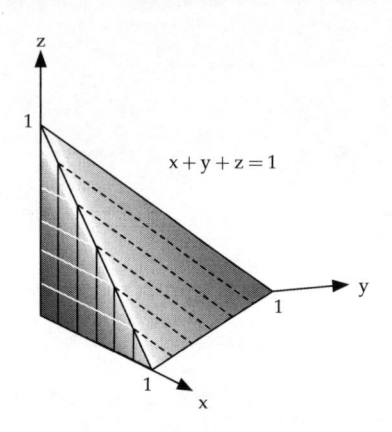

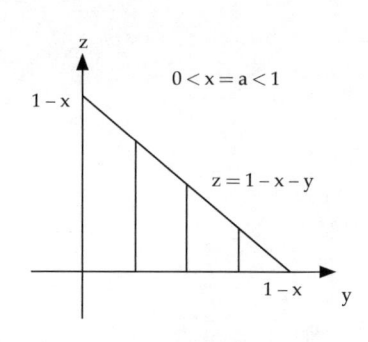

Fonte: Pires, 2016, p. 8.

Fonte: Pires, 2016, p. 9.

Com base em ambos os gráficos, podemos dizer que o conjunto D passa a ser escrito da seguinte forma: $D = \{(x, y, z) \in \mathbb{R}^3 : 0 < x < 1;\ 0 < y < 1-x; 0 < z < 1-x-y\}$, ou seja, podemos observar o conjunto D como uma quantidade de cortes perpendiculares ao eixo das abscissas x.

Logo, o volume será dado por:

$$\text{Vol}(D) = \int_0^1 \left(\int_0^{1-x} \left(\int_0^{1-x-y} dz \right) dy \right) dx$$

Exemplo 13

Seja S a bola de raio um e centro na origem em $\mathbb{R}^3$, e o conjunto $S = \{(x, y, z) \in \mathbb{R}^3 : x^2 + y^2 + z^2 < 1\}$, considerando a simetria esférica de S, temos a integral iterada da forma:

$$\int \left(\int \left(\int dx \right) dy \right) dz$$

Nos dois gráficos a seguir, temos o formato esférico:

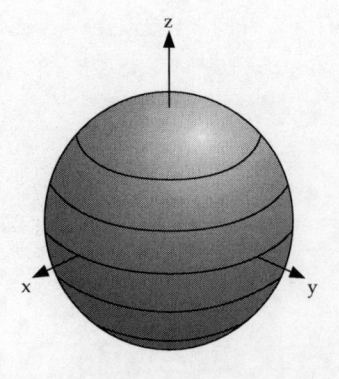

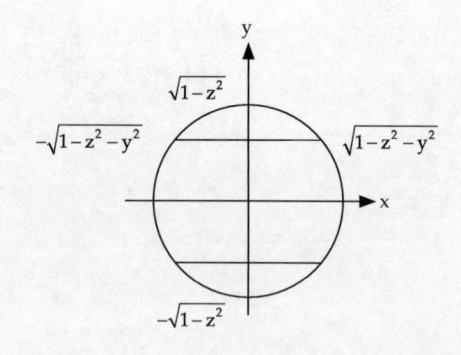

Fonte: Pires, 2016, p. 23.

Fonte: Pires, 2016, p. 23.

Com o corte passando no eixo da cota z, fixamos $-1 < z = c < 1$, obtendo a equação da circunferência $x^2 + y^2 < 1 - z^2$}, isto é, um círculo centrado na origem com raio igual a $\sqrt{1-z^2}$:

$$S \cap \{z=c\} = \{(x,y,c) : x^2 + y^2 < 1 - c^2\}$$
$$= \{(x,y,c) : |y| < \sqrt{1-c^2} ; |x| < \sqrt{1-c^2-y^2}\}$$

Portanto,

$$\text{Vol}(S) = \int_{-1}^{1} \left(\int_{-\sqrt{1-z^2}}^{\sqrt{1-z^2}} \left(\int_{-\sqrt{1-z^2-y^2}}^{\sqrt{1-z^2-y^2}} dx \right) dy \right) dz$$

Teorema VIII – Mudança de variáveis

Observe o teorema: $\int_b^a f(g(x)) \cdot g'(x) dx = \int_{g(a)}^{g(b)} f(u) du$, em que $u = g(x)$.

Esse teorema nos afirma que, após fazer as substituições $u = g(x)$ e $du = g'(x)dx$, podemos utilizar os valores de g que correspondem a "x = a" e "x = b", respectivamente, como limites da integral envolvendo u, o que tornará desnecessário voltar à variável original "x" após a integração feita.

Por vezes, a expressão de uma função é complexa e as fórmulas de integração imediata não se aplicam diretamente, casos em que a mudança de variável simplifica o processo de integração.

Exemplo 14

Vamos calcular a integral $\int x\sqrt[3]{7-6x^2} dx$.

Aplicando a mudança de variável $u = 7 - 6x^2$, a derivada da nova variável é $du = -12\, xdx$. Introduzindo o fator –12 e multiplicando por $-\dfrac{1}{12}$, obtemos:

$$\int x\sqrt[3]{7-6x^2}\, dx = -\frac{1}{12} \int \sqrt[3]{7-6x^2}\, (-12)xdx$$
$$= -\frac{1}{12} \int \sqrt[3]{u}\, du$$
$$= -\frac{1}{12} \int u^{\frac{1}{3}} du$$
$$= -\frac{1}{12} \cdot \frac{4^{\frac{4}{3}}}{\frac{4}{3}} + C$$
$$= -\frac{1}{16} \cdot (7-6x^2)^{\frac{4}{3}} + C$$

Exercícios de fixação

12) Calcule a integral $\int_{2}^{10} \dfrac{3}{\sqrt{5x-1}}\,dx$ pelo método de mudança de variável.

Síntese

Neste capítulo, abordamos o estudo de funções reais de várias variáveis, existindo ordenadas (x, y) e triplas ordenadas (x, y, z) e assim, sucessivamente, para outros valores quando forem necessários. Formalizamos análises gráficas no espaço tridimensional para um sistema de eixos x, y e z tomados dois a dois, com exemplos de aplicação prática. Realizamos o estudo dos limites e a continuidade de uma função, de acordo com critérios e condições de existência, mostrando com exemplos gráficos a continuidade e os pontos de descontinuidade de algumas funções. Além disso, abordamos conceitos e aplicação do método da regra da cadeia para a resolução do cálculo para funções reais de várias variáveis, o método do cálculo diferencial e a aplicação pelo método da regra da cadeia, e ainda mostramos, por meio de desenvolvimento analítico, o estudo de funções.

Atividades de autoavaliação

1) Assinale com verdadeiro (V) ou falso (F) as afirmações. Em seguida, assinale a alternativa que mostra a ordem correta das respostas:

( ) Quando definimos os limites para uma função f, atribuindo valores para x domínio próximos de um ponto c, mas diferentes de c, entendemos que o limite da função f(x) pode existir, mesmo que essa função não esteja definida no ponto c.

( ) Dizemos que uma função apresenta uma derivada parcial quando essa função está definida num subconjunto do Domínio do R^n.

( ) Entende-se como derivada direcional o cálculo das derivadas parciais de f em relação a uma variável do domínio x, num ponto em que ocorre a taxa de variação da função f(x) em relação a uma determinada direção coordenada.

( ) Os conceitos básicos sobre máximos e mínimos, que tratam de extremo absoluto, mínimo absoluto, pontos críticos aplicáveis para funções de uma variável, não poderão valer para funções de duas ou mais variáveis.

a. F, V, V, V.
b. F, V, V, F.
c. F, F, F, V.
d. V, V, V, F.

2) Assinale com verdadeiro (V) ou falso (F) as afirmações. Em seguida, assinale a alternativa que corresponde à ordem correta das respostas:

( ) Uma função f definida por duas variáveis tem um valor máximo relativo na imagem f(a, b) no ponto P de coordenadas (a, b) se ocorrer a existência de um disco circular de raio positivo com centro em (a, b), tal que se (x, y) é um ponto no interior da vizinhança, dizemos que (x, y) está no domínio de f e f(x, y) ≤ f(a, b).

( ) Uma função f definida por duas variáveis tem um valor mínimo relativo na imagem f(a, b) se ocorrer a existência de um disco circular de raio positivo com centro em (a, b), tal que se (x, y) é um ponto no interior da vizinhança, dizemos que (x, y) está no domínio de f e f(x, y) ≥ f(a, b).

( ) Um valor máximo ou mínimo relativo de uma função é o valor extremo relativo da função.

( ) O ponto crítico de uma função f é um ponto (a, b) no domínio de f, de modo que a taxa de f(a, b) não exista ou seja igual a zero. Quando um ponto crítico de uma função f a duas variáveis está no interior do domínio de f, é denominado como ponto crítico no interior do domínio da função.

a. F, F, F, F.
b. V, V, V, V.
c. V, F, V, F.
d. F, V, F, V.

3) Assinale como verdadeiro (V) ou falso (F) as afirmações:

( ) Uma das condições para que haja a existência do extremo absoluto é a função f(x) ter um domínio que não seja apenas limitado, mas que também contenha todos os pontos de sua própria fronteira.

( ) Uma das condições para que haja a existência do extremo absoluto é a função f(x) ter um domínio que seja apenas limitado, mas que também contenha todos os pontos de sua própria fronteira.

( ) Um extremo absoluto de função que não seja um extremo relativo precisa ocorrer num ponto de fronteira pertencente ao domínio.

( ) Um extremo absoluto de função que seja um extremo relativo não precisa ocorrer num ponto de fronteira pertencente ao domínio.

a. F, V, F, V.
b. F, V, V, F.
c. V, F, V, F.
d. F, V, F, F.

4) Assinale com verdadeiro (V) ou falso (F) as sentenças a seguir:

( ) O Teorema de Fubini é aplicado no cálculo do integral de uma função definida num intervalo limitado no espaço R^n, por meio dos chamados *integrais iterados*.

( ) Sendo f uma função em que ocorre a existência das primeiras e das segundas derivadas parciais contínuas em algum disco circular com centro determinado em (a,b) contido no domínio de f, são válidas as condições:

Se $\Delta > 0$ e $f_{11}(a, b) + f_{22}(a, b) < 0$, a função terá mínimo relativo em (a,b).

Se $\Delta > 0$ e $f_{11}(a, b) + f_{22}(a, b) > 0$, a função terá máximo relativo em (a,b).

Se $\Delta < 0$, a função terá um ponto de sela em (a,b).

Se $\Delta = 0$, então há necessidade de outros métodos a serem aplicados.

( ) O Teorema de Mudança de Variável nos afirma que, após fazer as substituições u = g(x) e du = g'(x)dx, podemos utilizar os valores de g que correspondem a "x = a" e "x = b", respectivamente, como limites da integral envolvendo u, o que torna desnecessário voltar à variável original "x" após a integração feita.

( ) No espaço R^3, tridimensional, estabelecemos as relações da tripla (x, y, z) representando um ponto P num sistema de eixos x, y, z, dispostos perpendicularmente dois a dois.

Agora, assinale a alternativa que corresponde corretamente à sequência obtida:
a. F, V, V, V.
b. V, F, V, V.
c. V, V, F, V.
d. V, V, F, F.

5) Assinale com verdadeiro (V) ou falso (F) as sentenças a seguir:

( ) Quando definimos os limites para uma função f, atribuindo valores para x domínio próximos de um ponto genérico c, mas diferentes desse ponto genérico c, entendemos que o limite da função f(x) pode existir, mesmo que essa função não esteja definida no ponto c.

( ) Se a função está definida quando os valores de x domínio tendem ao valor genérico c e existe o limite da função, pode ocorrer de esse limite ser diferente para o valor numérico dessa função quando o valor x do domínio for igual a c.

( ) Quando o limite da função for igual ao valor numérico da função para x domínio igual a c, dizemos que a função é contínua em um ponto genérico c.

( ) O limite da função existe quando x domínio tende ao valor de c, ou seja, $\lim_{x \to c} f(x)$ existe. Essa é uma das condições para afirmar que uma função seja contínua num ponto c.

Agora, assinale a alternativa que mostra a sequência correta das respostas:
a. F, F, F, F.
b. V, V, V, V.
c. F, F, F, V.
d. V, V, V, F.

Atividades de aprendizagem
Questões para reflexão

1) Desde o final dos anos 50 do século XX, houve vários movimentos de reforma no ensino da Matemática na tentativa de inovar o currículo e, desde então, o ensino de Geometria nunca mais foi contemplado de modo satisfatório. Segundo Coutinho (2001, p. 36),

> A geometria Euclidiana, transmitida de geração a geração por mais de dois mil anos, não era a única. As mentes criativas dos matemáticos Bolyai, Lobachevsky, Gauss e Riemann lançaram as bases de outras geometrias tão logicamente aceitas quanto a Euclidiana. Uma dessas geometrias não-euclidianas encontram aplicação na teoria da relatividade, o que justifica, pois sendo curvo o universo einsteniano, a geometria Euclidiana não é adequada.

Que observações ou dificuldades você destaca na resolução de problemas envolvendo geometria espacial, com base em representações do plano, especialmente em problemas clássicos que envolvam áreas, volumes, planificações e relações entre elementos (vértices, faces e arestas) dos sólidos estudados?

2) Muitos historiadores, como Heródoto e Aristóteles, não se arriscaram a estabelecer uma data precisa para o surgimento da geometria antes da civilização egípcia. Para Heródoto, a geometria surgiu às margens do rio Nilo. Para Aristóteles, o estudo da geometria surgiu no Egito, pois lá a casta dos sacerdotes se dedicava aos estudos geométricos. Nas versões desses dois filósofos, percebemos origens distintas para o surgimento da geometria: um acreditava na necessidade prática e o outro nos lazeres sacerdotais. Sendo assim, reflita se nos dias atuais é possível conceber que a visão da matemática permaneça a mesma.

Atividades aplicadas: prática

1) Realize uma pesquisa bibliográfica a respeito de qual geometria podemos falar quando abordamos temas de estudo em que se destacam fenômenos da natureza ou intervenções do homem na natureza.

Por meio da realização de testes numéricos, podemos entender melhor a matemática intuitiva para uma aplicação real?

Como já vimos, a matemática apresenta nuances de aplicabilidade em áreas específicas do conhecimento, como em cursos de licenciatura em Matemática, assim como em cursos nas áreas de engenharia, economia e administração que exigem um conhecimento prévio de conceitos e teoremas para que se possa chegar a resultados esperados. Testes de validação de modelos matemáticos podem ser usados como garantia de resposta correta, evitando dessa forma erros e incorrências desnecessárias, além de abreviar cálculos que demandam muito tempo para ser executados. Neste capítulo, buscamos analisar a aplicação de valores numéricos com a utilização de testes de séries sequenciais finitas e infinitas, empregando os métodos e critérios de convergência de séries. Com isso, o objetivo é saber interpretar por meio da análise os dados numéricos e os critérios de convergência e divergência previamente estabelecidos com base em teoremas, para que se possa ter segurança nas respostas aos exercícios propostos no decorrer de todo o capítulo, especialmente com o intuito de alcançar um escopo na análise de valores numéricos a fim de verificar a validade das formalizações matemáticas.

4

Sequências e séries de sequências

4.1 Sequências numéricas

Uma sequência numérica é usada em linguagem corrente para dar significado a uma sucessão de objetos e coisas que estão dispostos em ordem definida. Os números também são expressos em sequências que podem ser de algarismos somente pares, ímpares, decimais ou com um valor incremental, e assim por diante.

A sequência 1, 3, 5, 7, 9, 11, ..., n expressa uma ordem de números ímpares.

A sequência 2, 4, 6, 8, 10, ..., n expressa uma ordem de números pares.

A sequência 0, 1, 4, 9, 16, 25, ..., n expressa uma ordem de números que representam quadrados perfeitos.

Cada número disposto numa sequência recebe o nome de *termo*, assim, genericamente podemos escrever uma sequência da seguinte forma: $a_1, a_2, a_3, a_4, a_5, ..., a_n$.
Nessa ordem, temos o primeiro termo a_1, o segundo termo a_2, o terceiro termo a_3, o e-nésimo termo a_n, e assim por diante. As sequências são classificadas como *finitas* quando há um número limitado de termos e *infinitas* quando há infinitos termos.

A sequência dos números naturais no intervalo fechado [0, 10] é finita, pois o número total de termos limitados nesse intervalo é igual a 11. A sequência de números naturais N = {0, 1, 2, 3, 4, 5, 6, 7, 8, 9, 10}.

A sequência dos números inteiros ímpares no intervalo [$-\infty$; -1] é infinita, pois os termos começam em menos um (-1) e tendem ao infinito negativo. A sequência de números inteiros Z = {$-\infty$, ...,$-6, -5, -4, -3, -2, -1$}.

Exemplo 1

Na sequência cujo n-ésimo termo é dado pela fórmula $a_n = 3n - 1$, com n pertencente ao intervalo de número inteiro [1; $+\infty$], temos:

$a_1 = 2$, que quer dizer que, quando n = 1, temos $a_1 = 3 \cdot (1) - 1 = 2$;

$a_2 = 5$, que quer dizer que, quando n = 2, temos $a_2 = 3 \cdot (2) - 1 = 5$;

$a_3 = 8$, que quer dizer que, quando n = 3, temos $a_2 = 3 \cdot (3) - 1 = 8$.

Logo, o n-ésimo termo para essa sequência será $a_n = 3 \cdot n - 1$. Escrevemos, então: 2, 5, 8, ..., $3n - 1$ que podemos classificar como sendo uma sequência infinita.

Na sequência de números que não se limitam dentro de uma ordem definida, também podem ocorrer repetições de números, como é o caso das sequências a seguir:

1, –1, 1, –1, 1, –1, ..., $(-1)^{n+1}$, ...

0, 0, 0, 0, 0, 0, ..., 0, ...

Na apresentação de sequências, é possível com poucos termos determinarmos a lei de formação, ou fórmula utilizada, pela qual podem ser conhecidos outros valores na ordem sem, necessariamente, escrevê-la por completo. Em cada sequência, o número do índice "n" será substituído na lei de formação ou fórmula.

Exemplo 2

Observe a sequência: 1, 2, 3, 4, 5, 6, ...

Para essa sequência, podemos dizer que $a_n = n$, logo:

$a_1 = 1$, que quer dizer que, quando $n = 1$, temos $a_1 = 1$;

$a_2 = 2$, que quer dizer que, quando $n = 2$, temos $a_2 = 2$;

$a_3 = 3$, que quer dizer que, quando $n = 3$, temos $a_3 = 3$.

E asssim sucessivamente.

Exemplo 3

Dada a sequência: 2, 4, 6, 8, 10, 12, ...

Para essa sequência, podemos dizer que $a_n = 2n$, logo:

$a_1 = 2$, que quer dizer que, quando $n = 1$, temos $a_1 = 2 \cdot (1) = 2$;

$a_2 = 4$, que quer dizer que, quando $n = 2$, temos $a_2 = 2 \cdot (2) = 4$;

$a_3 = 6$, que quer dizer que, quando $n = 3$, temos $a_3 = 2 \cdot (3) = 6$.

E assim sucessivamente.

Exemplo 4

Observe a sequência: $1, \dfrac{1}{2}, \dfrac{1}{3}, \dfrac{1}{4}, \dfrac{1}{5}, \dfrac{1}{6}, ...$

Para esta sequência, podemos dizer que $a_n = \dfrac{1}{n}$, logo:

$a_1 = 1$, que quer dizer que, quando $n = 1$, temos $a_1 = \dfrac{1}{1} = 1$;

$a_2 = \dfrac{1}{2}$, que quer dizer que, quando $n = 2$, temos $a_2 = \dfrac{1}{2}$;

$a_3 = \dfrac{1}{3}$, que quer dizer que, quando $n = 3$, temos $a_3 = \dfrac{1}{3}$.

E assim sucessivamente.

Em algumas situações-problema, torna-se difícil escrever a lei de formação, fórmula ou regra geral por meio de alguns exemplos numéricos formados por alguns termos. Nesses casos, é necessário escrever o termo geral da sequência. Matematicamente, uma sequência é definida como uma lei ou função em que existirá um **conjunto domínio**, como, por exemplo, o conjunto dos números inteiros.

Exemplo 5

Dada uma função f(n), dizemos que cada valor numérico da função será um termo da sequência, o que quer dizer que f(1) representa o primeiro termo e f(2) representa o segundo termo, logo, f(n) será o n-ésimo termo da sequência de f.

Exemplo 6

Para a sequência, usa-se a notação $\{a_n\}$ como simbologia para n-ésimo termo. A lei de formação $\frac{n}{3n+1}$ representa a sequência $\frac{1}{4}, \frac{2}{7}, \frac{3}{10}, \frac{4}{13}, ..., \frac{n}{3n-1}, ...$

Na determinação dessa sequência, ressaltamos que, enquanto n aumenta, $\frac{1}{n}$ diminui. Com isso, podemos concluir que, à medida que a sequência se amplia, mais próximo de $\frac{1}{3}$ ela deve ficar. Logo, dizemos que essa sequência é **convergente** para o valor.

Escrevemos essa convergência por meio de limites:

$$\lim_{n \to +\infty} \frac{n}{3n+1} = \frac{1}{3}$$

Na forma genérica, podemos representar essa sequência convergente para o limite L, em que $\lim_{n \to +\infty} a_n = L$ no sentido de que a diferença entre a_n e L pode ser feita tão pequena quanto seja necessário e mostrada em valor absoluto, mesmo quando n seja suficientemente grande.

> ### Definição I – Convergência de uma sequência
>
> Ao escrever o $\lim_{n \to +\infty} a_n = L$, estamos afirmando que a sequência a_n é convergente para o limite L desde que, para cada número positivo ε, exista um valor inteiro positivo N, tal que possamos escrever $|a_n - L| < \varepsilon$, o que dependerá exclusivamente do valor ε, em que temos ≥ N.
>
> Uma sequência é convergente quando converge para um limite. Ao contrário disso, dizemos que ela é **divergente**. É o final de uma sequência que determina a sua convergência ou divergência, e nunca os primeiros termos. Em alguns casos, é preciso cuidado quando uma sequência não é familiar, e, nesse sentido, faz-se necessário escrever os termos explicitamente para ter uma melhor compreensão sobre seu comportamento em geral.

Exemplo 7

Vamos determinar se uma sequência é convergente ou divergente. Caso haja convergência, vamos calcular seu limite, dada a lei de formação $a_n = 10^{1-n}$.

Calculando:

$a_1 = 1$, que quer dizer que, quando n = 1, temos $a_1 = 10^{1-1} = 10^0 = 1$;

$a_2 = \dfrac{1}{10}$, que quer dizer que, quando n = 2, temos $a_2 = 10^{1-2} = 10^{-1} = \dfrac{1}{10}$ (como o expoente é negativo, fazemos a inversão da base);

$a_3 = \dfrac{1}{100}$, que quer dizer que, quando n = 3, temos $a_3 = 10^{1-3} = 10^{-2} = \dfrac{1}{100}$ (como o expoente é negativo, fazemos a inversão da base);

$a_4 = \dfrac{1}{1000}$, que quer dizer que, quando n = 4, temos $a_4 = 10^{1-4} = 10^{-3} = \dfrac{1}{1000}$.

Assim, escrevendo a sequência, temos $\left\{1, \dfrac{1}{10}, \dfrac{1}{100}, \dfrac{1}{1000}, ..., a_n = \dfrac{1}{10^{n-1}}\right\}$.

À medida que os valores para n aumentam, os n-ésimos elementos da sequência tendem a ser cada vez menores. Há um valor grande para n que torna os elementos da sequência muito pequenos, e, nesse caso, dizemos que a sequência converge para um limite igual a zero.

Exemplo 8

Vamos determinar se uma sequência é convergente ou divergente. Caso haja convergência, vamos calcular seu limite. Dada a lei de formação $a_n = (-1)^n$.

$a_1 = -1$, que quer dizer que, quando n = 1, temos $a_1 = (-1)^1 = -1$;
$a_2 = 1$, que quer dizer que, quando n = 2, temos $a_2 = (-1)^2 = 1$;
$a_3 = -1$, que quer dizer que, quando n = 3, temos $a_3 = (-1)^3 = -1$;

Assim, escrevendo a sequência, temos: $\{(-1) \cdot (1) \cdot (-1), ..., a_n = -1^n\}$.

Nessa sequência, ocorrem valores alternados entre -1 e 1, logo ela pode ser considerada divergente, pois não se aproxima de um valor limite.

Para o cálculo de limites de sequências, ocorre uma semelhança com o cálculo de limites de funções. Assim, por ocorrer essa semelhança, consideremos o seguinte teorema:

Teorema I – Convergência de sequências e funções

Seja f uma função definida no intervalo $[1, +\infty]$, escrevemos a sequência $\{a_n\}$ dada por $a_n = f(n)$ para todo e qualquer valor de n inteiro e positivo. Então, o limite será dado por $\lim\limits_{x \to +\infty} a_n = L$.

Exemplo 9

Vamos mostrar que a sequência $\left\{\dfrac{\ln n}{n}\right\}$ é convergente e tem limite.

A função $a_n = f = \left\{\dfrac{\ln n}{n}\right\}$ apresenta uma indeterminação na forma do quociente entre infinitos $\dfrac{\infty}{\infty}$ em $+\infty$. Vamos, então, aplicar a regra de L'Hospital[1] para obter o limite.

Pelo teorema, $\lim\limits_{x \to +\infty}\left(\dfrac{\ln n}{n}\right) = 0$, isto é, a sequência $\left\{\dfrac{\ln n}{n}\right\}$ converge para o limite zero.

Exercícios de fixação

1) Encontre os valores de x para os quais as séries de potências dadas convergem.

a. $\sum\limits_{k=0}^{\infty}(-1)^k \dfrac{k}{3^k}x^k = 0 - \dfrac{1}{3}x + \dfrac{2}{9}x^2 - \dfrac{3}{27}x^3 + \ldots$

b. $\sum\limits_{k=0}^{\infty}\dfrac{(x-5)^{2k}}{k!} = 1 + (x-5)^2 + \dfrac{1}{2}(x-5)^4 + \dfrac{1}{6}(x-5)^6 + \dfrac{1}{24}(x-5)^8 + \ldots$

c. $\sum\limits_{k=0}^{\infty}(k!)(x+2)^k = 1 + (x+2) + 2(x+2)^2 + 6(x+2)^3 + 24(x+2)^4 + \ldots$

4.2 Limites de sequências

De forma análoga, as propriedades para limites de sequências são as mesmas para os limites de funções. Sendo assim, temos as seguintes propriedades:

1ª propriedade: $\lim\limits_{n \to +\infty} c = c$

2ª propriedade: $\lim\limits_{n \to +\infty} c \cdot a_n = c \lim\limits_{n \to +\infty} a_n = c \cdot A$

3ª propriedade: $\lim\limits_{n \to +\infty}(a_n + b_n) = \left(\lim\limits_{n \to +\infty} a\right) + \left(\lim\limits_{n \to +\infty} b\right) = A + B$

$\lim\limits_{n \to +\infty}(a_n - b_n) = \left(\lim\limits_{n \to +\infty} a\right) - \left(\lim\limits_{n \to +\infty} b\right) = A - B$

4ª propriedade: $\lim\limits_{n \to +\infty}(a_n \cdot b_n) = \left(\lim\limits_{n \to +\infty} a\right) \cdot \left(\lim\limits_{n \to +\infty} b\right) = A \cdot B$

5ª propriedade: Se $b_n \neq 0$ para todos os inteiros positivos n e $B \neq 0$, então $\lim\limits_{n \to +\infty}\dfrac{a_n}{b_n} = \dfrac{\lim\limits_{n \to +\infty} a_n}{\lim\limits_{n \to +\infty} b_n} = \dfrac{A}{B}$.

6ª propriedade: $\lim\limits_{n \to +\infty}\dfrac{c}{n^k} = 0$, se K é uma constante positiva.

7ª propriedade: Se $|a| < 1$, então $\lim\limits_{n \to +\infty} a_n = 0$. Se $|a| > 1$, então $\{a_n\}$ é divergente.

---
1 A regra de L'Hospital é também conhecida como regra de Cauchy e é utilizada para sequências monótonas.

Exemplo 10

Vamos determinar os limites de cada uma das sequências, usando o teorema da convergência de sequências e funções.

a) Calculando $\left\{\dfrac{3n^2+7n+11}{8n^2-5n+3}\right\}$, temos (aplicando a simplificação do numerador e do denominador e dividindo-os por n^2):

$$\lim_{n\to\infty}\frac{3n^2+7n+11}{8n^2-5n+3}=\lim_{n\to\infty}\frac{3+\dfrac{7}{n}+\dfrac{11}{n^2}}{8-\dfrac{5}{n}+\dfrac{3}{n^2}}=\frac{\lim_{n\to\infty}\left(3+\dfrac{7}{n}+\dfrac{11}{n^2}\right)}{\lim_{n\to\infty}\left(8-\dfrac{5}{n}+\dfrac{3}{n^2}\right)}=\frac{\lim_{n\to\infty}3+\lim_{n\to\infty}\dfrac{7}{n}+\lim_{n\to\infty}\dfrac{11}{n^2}}{\lim_{n\to\infty}8-\lim_{n\to\infty}\dfrac{5}{n}+\lim_{n\to\infty}\dfrac{3}{n^2}}=\frac{3+0+0}{8-0-0}=\frac{3}{8}$$

b) Calculando $\left\{\dfrac{2^n}{3^{n+1}}\right\}$, temos:

$$\lim_{n\to+\infty}\frac{2^n}{3^{n+1}}=\lim_{n\to+\infty}\frac{1}{3}\cdot\left(\frac{2}{3}\right)^n=\frac{1}{3}\lim_{n\to+\infty}\left(\frac{2}{3}\right)^n=\left(\frac{1}{3}\right)\cdot(0)=0$$

c) Calculando $\left\{n\operatorname{sen}\dfrac{\pi}{2n}\right\}$, temos:

$$\lim_{n\to+\infty}x\operatorname{sen}\frac{\pi}{2x}=\lim_{n\to+\infty}x\cdot\frac{\pi}{2}\cdot\frac{\operatorname{sen}\left(\dfrac{\pi}{2x}\right)}{\dfrac{\pi}{2x}}=\frac{\pi}{2}\cdot\lim_{n\to+\infty}\frac{\operatorname{sen}\left(\dfrac{\pi}{2x}\right)}{\dfrac{\pi}{2x}}=\frac{\pi}{2}\lim_{t\to 0^+}\frac{\operatorname{sen} t}{t}=\frac{\pi}{2}\cdot 1=\frac{\pi}{2}$$

Quando fazemos $t=\dfrac{\pi}{2x}$, observamos que $t\to 0^+$, quando $x\to+\infty$, portanto, pelo teorema dizemos que $\lim_{n\to+\infty} n\operatorname{sen}\dfrac{\pi}{2n}=\dfrac{\pi}{2}$.

d) Calculando $\left\{\dfrac{n^3+5n}{7n^2+1}\right\}$, temos:

$$\frac{n^3+5n}{7n^2+1}=\frac{\dfrac{1}{n^2}(n^3+5n)}{\dfrac{1}{n^2}(7n^2+1)}=\frac{n+\dfrac{5}{n}}{7+\dfrac{1}{n^2}}$$

Quando n torna-se maior, o numerador $n+\left(\dfrac{5}{n}\right)$ aumenta, enquanto que o denominador $7+\left(\dfrac{1}{n^2}\right)$ aproxima-se de 7. Portanto, a fração vai aumentando sem limite quando $n\to+\infty$, então concluímos que a sequência diverge.

4.3 Série de potências

A série infinita escrita na forma

$$\sum_{k=0}^{\infty} c_k(x-a)^k = c_0 + c_1(x-a) + c_2(x-a)^2 + c_3(x-a)^3 + \ldots + c_n(x-a)^n$$, é dita *série de potência em x*, ou apenas *série de potências*. As constantes $c_k, c_1, c_2, c_3, \ldots, c_n$ são chamadas de *coeficientes da série de potências* e a constante **a** é chamada de seu *centro*. Assim, uma série de potência em x com centro a = 0 é escrita na forma:

$$\sum_{k=0}^{\infty} c_k x^k = c_0 + c_1 x + c_2 x^2 + c_3 x^3 + \ldots + c_n x^n$$, generalizando, assim, a ideia de um polinômio em x.

Nas séries de potências $\sum_{k=0}^{\infty} c_k x^k (x-a)^k$, x é admitido como uma quantidade que pode variar. A série pode convergir para alguns valores de x, mas também pode ser convergente para outros valores. Quando x = a, a série converge e sua soma é o termo c_0.

Exemplo 11

Vejamos como encontrar valores de x para os quais as séries de potências convergem.

a) $\sum_{k=0}^{\infty} (-1)^k \dfrac{k}{3^k} x^k = 0 - \dfrac{1}{3}x + \dfrac{2}{9}x^2 - \dfrac{3}{27}x^3 + \ldots$

Calculando, a série converge para x = 0. Para um valor diferente de zero, fazemos o teste da razão:

$$a_n = \frac{(-1)^n n x^n}{3^n} \quad \text{e} \quad a_{n+1} = \frac{(-1)^{n+1}(n+1)x^{n+1}}{3^{n+1}}$$

O limite é dado por:

$$\lim_{n \to +\infty} \left| \frac{a_{n+1}}{a_n} \right| = \lim_{n \to \infty} \left| \frac{(-1)^{n+1}(n+1)x^{n+1}}{3^{n+1}} \cdot \frac{3^n}{(-1)^n n x^n} \right| = \lim_{n \to \infty} \frac{n+1}{3n} |x| = |x| \lim_{n \to \infty} \frac{n+1}{3n} = \frac{|x|}{3}$$

Nessa série, temos a sua convergência para $\dfrac{|x|}{3} < 1$, o que significa que há valores para x no intervalo (−3; 3). Se considerarmos um valor x menor ou maior do que o intervalo, então $\dfrac{|x|}{3} > 1$, logo a série tem uma divergência. Assim, quando |x| = 3, temos: $|a_n| = \left|(-1)^n \dfrac{n}{3^n} x^n\right| = \dfrac{n}{3^n}|x|^n = \dfrac{n}{3^n} 3^n = n$, assim como o $\lim_{n \to \infty} a_n \neq 0$ e a série divergem. Portanto, a série converge para valores de x no intervalo aberto (−3, 3) e somente para determinados valores de x.

b) $\sum_{k=0}^{\infty} \frac{(x-5)^{2k}}{k!} = 1 + (x-5)^2 + \frac{1}{2}(x-5)^4 + \frac{1}{6}(x-5)^6 + \frac{1}{24}(x-5)^8 + \ldots$

Calculando, concluímos que a série converge para x = 5. Para x ≠ 5, fazemos o teste da razão com $a_n = \frac{(x-5)^n}{n!}$ e $a_{n+1} = \frac{(x-5)^{2(n+1)}(n+1)x^{n+1}}{(n+1)!} = \frac{(x-5)^{2n+2}}{(n+1)!}$.

Assim, $\lim_{n \to \infty} \left| \frac{a_{n+1}}{a_n} \right| = \lim_{n \to +\infty} \left| \frac{(x-5)^{2n+2}}{(n+1)!} \cdot \frac{n!}{(x-5)^{2n}} \right| = \lim_{n \to +\infty} \frac{(x-5)^2}{n+1} = 0 < 1$ ocorre para todos os valores de x, logo dizemos que essa série converge para todos os valores de x.

Teorema II – Raio de convergência de uma série de potências

Seja $\sum_{k=0}^{\infty} c_k(x-a)^k$ considerada uma série de potência com raio de convergência R. O $\lim_{n \to +\infty} \left| \frac{c_{n+1}}{c_n} \right| = L$, em que L é ou um número real não negativo ou L = +∞, consideramos que:

- Se L é um número real positivo, então $R = \frac{1}{L}$;
- Se L = 0, então R = +∞;
- Se L = +∞, então R = 0.

Para provar esse teorema, as três considerações anteriores devem ser tratadas de modo análogo. Assim, supondo que $\lim_{n \to +\infty} \left| \frac{c_{n+1}}{c_n} \right| = L$, em que L é um número real positivo, fazemos o teste da razão para série infinita $\sum_{k=0}^{\infty} c_k(x-a)^k$. O $a_n = c_n(x-a)^k$ e $a_{n+1} = c_{n+1}(x-a)^{n-1}$. Logo, o limite é:

$$\lim_{n \to +\infty} \left| \frac{a_{n+1}}{a_n} \right| = \lim_{n \to +\infty} \left| \frac{c_{n+1}(x-a)^{n+1}}{c_n(x-a)^n} \right| = \lim_{n \to +\infty} \left| \frac{c_{n+1}}{c_n} \right| \cdot |x-a| = L|x-a|$$

Pelo teste da razão, a série converge absolutamente para $L|x-a| < 1$ e diverge para $L|x-a| > 1$, isto é, converge para $|x-a| < \frac{1}{L}$ e diverge para $|x-a| > \frac{1}{L}$. Afirmamos, assim, que $\frac{1}{L} = R$ será o raio de convergência da série de potência.

Exemplo 12

Determinando o centro a, o raio de convergência R e o intervalo de convergência da série de potência $\sum_{k=1}^{\infty} \frac{1}{k} x^k$, temos o centro a = 0 e $c_k = \frac{1}{k}$. Pelo Teorema II, coloquemos $c_n = \frac{1}{n}$ e $c_{n+1} = \frac{1}{(n+1)}$, assim;

$$\lim_{n \to +\infty} \left| \frac{c_{n+1}}{c_n} \right| = \lim_{n \to +\infty} \left| \frac{\frac{1}{(n+1)}}{\frac{1}{n}} \right| = \lim_{n \to +\infty} \frac{n}{n+1} = 1 = L$$

Sendo $R = \dfrac{1}{L} = 1$, a série converge absolutamente para valores de x pertencentes ao intervalo aberto $(a - R, a + R) = (0 - 1, 0 + 1) = (-1, 1)$ e diverge para valores de x que estão fora do intervalo fechado $[-1, 1]$.

4.4 Sequências monótonas e critérios de convergência de Cauchy[2]

Dada uma sequência $\left\{\dfrac{2n}{5n+3}\right\}$, seus termos são $\left\{\dfrac{2}{8}, \dfrac{4}{13}, \dfrac{6}{18}, \dfrac{8}{23}, \dfrac{10}{28}, ..., \dfrac{2n}{5n+3}, ...\right\}$ e estão tornando-se maiores uniformemente. Isso pode ser entendido algebricamente, escrevendo-se $\dfrac{2n}{5n+3} = \dfrac{2}{5+(3/n)}$ e observando-se que quando n cresce, $3/n$ decresce. Sendo assim, a fração mostra um aumento.

De modo geral, seguimos com as definições.

> **Definição II – Sequências crescentes e decrescentes**
>
> Uma sequência $\{a_n\}$ é dita crescente quando $a_n \leq a_{n+1}$ e decrescente quando $a_n \geq a_{n+1}$ caso n seja um inteiro positivo. Uma sequência que seja crescente ou decrescente é dita *monótona*; caso não seja nem uma nem outra, é dita *não monótona*.

Exemplo 13

Vamos determinar se as sequências são crescentes, decrescentes ou não monótonas.

a) $\left\{\dfrac{2n+1}{3n-2}\right\}$

Calculando $a_n = \dfrac{2n+1}{3n-2}$ e $a_{n+1} = \dfrac{2(n+1)+1}{3(n+1)-2} = \dfrac{2n+3}{3n+1}$, para qualquer que seja n, temos:

$$a_{n+1} - a_n = \dfrac{2n+3}{3n+1} - \dfrac{2n+1}{3n-2} = \dfrac{(3n-2)\cdot(2n+3) - (2n+1)\cdot(3n+1)}{(3n+1)\cdot(3n-2)} =$$

$$= \dfrac{(6n^2 + 5n - 6) - (6n^2 + 5n + 1)}{(3n+1)\cdot(3n-2)} = \dfrac{-7}{(3n+1)\cdot(3n-2)}$$

Se n é um inteiro positivo, então $3n + 1 > 0$ e $3n - 2 > 0$. Assim, temos que $a_{n+1} - a_n < 0$; seja $a_n > a_{n+1}$ e, portanto, a sequência é decrescente.

---

[2] Augustin Louis Cauchy (1789-1857) foi um, matemático francês que viveu a época da Revolução Francesa. Seus trabalhos também foram considerados revolucionários. Sua grande contribuição para a estatística recebeu seu nome: distribuição de Cauchy.

b) $\left\{\operatorname{sen}\dfrac{n\cdot\pi}{2}\right\}$

Para essa sequência, os termos são $\left\{1, 0, -1, 0, 1, 0, -1, 0, ..., \operatorname{sen}\dfrac{n\cdot\pi}{2}, ...\right\}$.

Como há uma repetição e o ciclo se dá por 1,0,–1,0, dizemos que a sequência é monótona.

> ### Definição III – Sequências limitadas
> Um número C e um número D são chamados de *cota inferior* e *superior* de uma sequência $\{a_n\}$ se $C \leq a_n$, $a_n \leq D$ é notável para todo inteiro positivo n. Se a_n apresenta uma cota inferior ou superior, dizemos que é limitada inferior ou superior, respectivamente. Uma sequência é dita *limitada* se tem limite inferior e superiormente.
>
> É possível mostrar facilmente que uma sequência $\{a_n\}$ é limitada se, e somente se, existe uma constante positiva M tal que $|a_n| < M$ se verifique para todo inteiro positivo n. Se uma sequência converge, ela é limitada; entretanto, uma sequência limitada não assume convergência necessariamente.

Exemplo 14

Vamos determinar se as sequências têm limite superior ou inferior.

a) $(-1)^n \dfrac{2n}{3n+1}$

Calculando, temos:

$0 \leq \dfrac{2n}{3n+1} = \dfrac{2}{3+\left(\dfrac{1}{n}\right)} < \dfrac{2}{3}$, então $-\dfrac{2}{3} \leq (-1)^n \dfrac{2n}{3n+1} \leq \dfrac{2}{3}$, logo a sequência é limitada tanto superior quanto inferiormente.

b) $\left\{\dfrac{n!}{2^n}\right\}$

Para essa sequência, escrevemos os termos $\dfrac{1}{2}, \dfrac{2}{4}, \dfrac{6}{8}, \dfrac{24}{16}, \dfrac{120}{32}, ..., \dfrac{n!}{2^n}, ...$

Os valores são positivos, em que zero apresenta-se como uma conta inferior para o quociente $\left\{\dfrac{n!}{2^n}\right\}$. Nesse caso, determinamos se a sequência apresenta uma cota superior. Utilizando a tabela de fatoriais e calculando alguns termos da sequência escrita, logo observamos que os termos parecem aumentar, mesmo para valores de n ditos razoavelmente pequenos. Se calculamos, por exemplo, o 10º termo, este será igual a 3.543,75, enquanto que para o 15º termo seu valor será aproximado a 40.000.000. Isso nos possibilita supor que a sequência pode ser ilimitada superiormente.

Para que possamos validar a afirmação de que a sequência $\left\{\dfrac{n!}{2^n}\right\}$ não tem cota superior, devemos mostrar que dado qualquer número positivo K – não interessando quão grande ele seja –, existe um termo na sequência, grande o suficiente que nos possibilita escrever $\left\{\dfrac{n!}{2^n}\right\} > K$, isto é, $\dfrac{1}{2}, \dfrac{2}{2}, \dfrac{3}{2}, \dfrac{4}{2}, \dfrac{5}{2}, \dfrac{6}{2}, \ldots, \dfrac{n}{2} > K$.

No produto da esquerda da desigualdade desejada, todos os fatores depois dos três primeiros se apresentam maiores ou iguais a dois, e temos n – 3 fatores dessa forma. Assim,

$$\dfrac{n!}{2^n} = \left(\dfrac{1}{2}, \dfrac{2}{2}, \dfrac{3}{2}\right) \cdot \left(\dfrac{4}{2}, \dfrac{5}{2}, \dfrac{6}{2}, \ldots, \dfrac{n}{2}\right) \geq \left(\dfrac{3}{4}\right) \cdot (2^{n-3})$$

Portanto, $\dfrac{n!}{2^n} > K$ nos permite verificar se $\left(\dfrac{3}{4}\right) \cdot (2^{n-3}) > K$, isto é, se $(2^{n-3}) > \dfrac{4K}{3}$, ou $(n-3) \cdot \ln 2 > \ln\left(\dfrac{4K}{3}\right)$. Assim, escolhendo o inteiro positivo n tal que $n > 3 + \dfrac{\ln\left(\dfrac{4K}{3}\right)}{\ln 2}$, podemos estar certos de que $\dfrac{n!}{2^n} > K$. Dizemos que essa sequência não tem cota superior.

Teorema III – Convergência de sequências monótonas e limitadas

Toda sequência crescente limitada superiormente é convergente. Analogamente, toda sequência decrescente limitada inferiormente é convergente.

Exemplo 15

Vamos mostrar que a sequência $\left\{\dfrac{n}{e^n}\right\}$ é convergente, pelo Teorema III.

Considerando a função $f(x) = \dfrac{x}{e^x}$, observamos que $f'(x) = \dfrac{e^x - x \cdot e^x}{(e^x)^2} = \dfrac{1-x}{e^x} < 0$ para $x > 1$. Sendo a função f decrescente no intervalo $[1, +\infty)$, segue-se $f(n) < f(n+1)$ para todo inteiro positivo n, isto é, a sequência $\left\{\dfrac{n}{e^n}\right\}$ é decrescente. Como todos seus termos são positivos, podemos afirmar que ela é limitada inferiormente pelo número zero. Logo, pelo Teorema III ela é convergente.

Teorema IV – Sequências monótonas convergentes

O limite de uma sequência crescente ou decrescente, quando convergente, apresenta uma cota superior ou inferior. Para provar esse teorema, vamos observar as sequências crescentes, uma vez que para provar as sequências decrescentes o método é o mesmo por analogia e requer somente a inversão de algumas desigualdades. Assim, supondo que $\{a_n\}$ é monótona crescente e que o limite é representado por $\lim_{n \to +\infty} a_n = L$, provamos que todos os termos da sequência são menores ou iguais a L. Caso não fosse assim, haveria pelo menos um termo, digamos a_q, com $L < a_q$. Assim, seja um número $\varepsilon = a_q < L$, tal que $\varepsilon > 0$, usando a definição I, existe um número inteiro positivo N tal que $|a_n - L| < \varepsilon$ e verifica-se sempre que $n \geq N$.

Agora, escolhamos o inteiro n maior que q e N. Já que $q < n$, segue que $a_q < a_n$, assim como $L < aq \leq an$ e $a_n - L > 0$. Por consequência, temos $a_n - L = |a_n - L| < \varepsilon = a_q < L$.

Segue-se que $a_n < a_q$, contrariando o fato de $a_q \leq a_n$. Portanto, a suposição de que existe um termo a_q com $L < a_q$ apresenta uma contradição. Segue-se que nenhum termo como a_q pode existir, logo L é uma cota superior para a sequência e o teorema está provado.

Alguns critérios de convergência são dados por Cauchy, quando diz que, para toda série de potências, existe um r limitado num intervalo $[0, \infty]$, considerado ponto de convergência tal que:

- se $|x < R|$, dizemos que a série é absolutamente convergente;
- se $|x > R|$, dizemos que a série não é convergente.

Assim, em séries numéricas a convergência absoluta é equivalente e incondicional, uma vez que é aplicado o critério da raiz n-ésima, em que temos $\sum |a_n x^n|$. Podemos considerar ainda que $\lim_{n \to \infty} \sqrt[n]{|a_n x^n|} = \lim_{n \to \infty} \sqrt[n]{|a_n|} |x^n| = l|x|$, considerando $l \neq 0$ e $l \neq \infty$. Temos:

- se $|x| < \frac{1}{l} \to l|x| < 1 \to \sum |a_n x^n|$ convergente, somente se $\sum a_n x$ for convergente;

- se $|x| < \frac{1}{l} \to l|x| > 1 \to \lim_{n \to \infty} \sqrt[n]{|a_n x^n|} > 1$, então existe $\frac{n_0}{\sqrt[n]{|a_n x^n|}} > 1$, para qualquer $n \geq n_0$, logo $|a_n x^n| > 1$, para qualquer $n \geq n_0$, o que nos mostra a não existência da convergência;
- se $l = 0 \to l|x| < 1$, para qualquer $x \to r = \infty$;
- se $l = \infty \to l|x| < 1$, somente se $x = 0$, então $r = 0$.

Assim, comprovamos que existe um r que satisfaz a condição do enunciado. Se $l = \lim_{n \to \infty} \sqrt[n]{|a_n|} = \infty$, com $r = 0$, se $l = 0$, então r tende a infinito.

Exercícios de fixação

2) Calcule a convergência nas séries:

a. $\sum n! x^n$

b. $\sum \frac{x^n}{n!}$

c. $2x + 2x^2 + 2^3 x^3 + 2^3 x^4 + \ldots \infty$

4.5 Série geométrica e testes de convergência e divergência

Uma série geométrica é escrita na forma $a + a \cdot r + a \cdot r^2 + \ldots + a \cdot r^{n-1} + \ldots = \sum_{n=1}^{\infty} a \cdot r^{n-1}$, com a condição de que **a** seja um valor não nulo.

A enésima soma parcial da série geométrica é $S_n = \dfrac{a \cdot (1 - r^n)}{1 - r}$, com a condição de que $r \neq 1$. Sendo assim, consideramos que:

- se $|r| < 1$, então $\lim_{n \to \infty} r^n = 0$. Assim, $\lim_{n \to \infty} S_n = \dfrac{a}{1-r}$;
- se $|r| > 1$, então $\lim_{n \to \infty} r^n$ não existe. Assim, $\lim_{n \to \infty} S_n$ também não existe;
- se $r = 1$, então $S_n = n \cdot a$. Portanto, $\lim_{n \to \infty} S_n = \lim_{n \to \infty} n \cdot a$ também não existe;
- se $r = -1$, então S_n oscila e, portanto, $\lim_{n \to \infty} S_n$ também não existe.

Com base nessas considerações, concluímos que:
- uma série geométrica será convergente se $|r < 1|$ e sua soma é $S = \dfrac{a}{1-r}$;
- uma série geométrica será divergente se $|r \geq 1|$.

Vejamos alguns tipos de séries geométricas.

4.5.1 Série harmônica

A série escrita por $\sum_{n=1}^{\infty} \dfrac{1}{n}$ é considerada uma série harmônica. Para que possamos provar a divergência da série harmônica, utilizamos o seguinte teorema:

Teorema V – Convergência de séries telescópicas

Se a série $\sum_{n=1}^{\infty} a_n$ é convergente, então, dado um valor ε positivo e maior que zero, existe um número natural N que $|S_m - S_n| < \varepsilon$ para todo $m, n > N$.

4.5.2 Série telescópica

Seja a série geométrica $\sum_{n=1}^{\infty} \dfrac{1}{n \cdot (n+1)}$, esta é chamada de *série telescópica*. Uma série telescópica será convergente.

Propriedades das séries geométricas:

I. Se $\sum_{n=1}^{\infty} = a_n$ converge, então $\sum_{n=1}^{\infty} = c \cdot a_n$ também converge para qualquer $C \in R$. Logo, é válido que $\sum_{n=1}^{\infty} = c \cdot a_n = c \sum_{n=1}^{\infty} = a_n$.

II. Se $\sum_{n=1}^{\infty} = a_n$ e $\sum_{n=1}^{\infty} = b_n$ convergem, então $\sum_{n=1}^{\infty} = (a_n \pm b_n)$ também converge. Logo, é válido que $\sum_{n=1}^{\infty} = (a_n \pm b_n) = \sum_{n=1}^{\infty} a_n \pm \sum_{n=1}^{\infty} b_n$.

III. Se $\sum_{n=1}^{\infty} a \cdot n$ converge e $\sum_{n=1}^{\infty} b \cdot n$ diverge, então $\sum_{n=1}^{\infty} (a_n \pm b_n)$ diverge.

IV. Se $\sum_{n=1}^{\infty} a_n$ e $\sum_{n=1}^{\infty} b_n$ divergem, então $\sum_{n=1}^{\infty} (a_n \pm b_n)$ pode divergir ou convergir.

Teorema VI – Teorema de convergência para termos positivos

Se $\sum_{n=1}^{\infty} a_n$ é uma série de termos positivos e se existe $K > 0$ tal que $S_n \leq K$, $\forall n \in \mathbb{N}$, então a série $\sum_{n=1}^{\infty} a_n$ converge. Por esse teorema, entendemos uma série de termos positivos, e a soma (S_n) é monótona e não decrescente, pois $S_1 \leq S_2 \leq S_3 \leq \ldots \leq S_n \leq \ldots$, uma vez que $a_1 \leq a_1 + a_2 \leq a_1 + a_2 + a_3 \leq \ldots \leq a_1 + a_2 + \ldots a_n \leq \ldots$. Portanto, basta verificar se a sequência (S_n) é limitada para concluir se a série $\sum_{n=1}^{\infty} a_n$ é convergente ou divergente.

Para verificar a convergência das séries, se não houver características especiais, é válida a aplicação de testes, como o teste da integral, o da raiz e o da razão, bem como outros testes possíveis. Entretanto, nosso estudo aborda três desses considerados importantes. Para o teste da integral, temos que supor que a função f é contínua, decrescente e extremamente positiva no intervalo $[1; \infty)$.

A considerar que:

- se a integral imprópria $\int_1^{\infty} f(x)dx$ converge, então a série infinita $\sum_{k=1}^{\infty} f(k)$ converge;
- se a integral imprópria $\int_1^{\infty} f(x)dx$ diverge, então a série infinita $\sum_{k=1}^{\infty} f(k)$ diverge.

Exemplo 16

Usando o teste da integral para determinar se a série $\sum_{k=1}^{\infty} \frac{1}{k^2 + 1}$ converge ou diverge, temos como solução que a função f definida por $f(x) = \frac{1}{x^2 + 1}$ é contínua, decrescente e não negativa no intervalo $[1, \infty)$. Logo,

$$\int_1^{\infty} \frac{1}{x^2 + 1} dx = \lim_{b \to \infty} \int_1^b \frac{dx}{x^2 + 1} = \lim_{b \to \infty} \left[(\tan^{-1} x) \Big|_1^b \right] = \lim_{b \to \infty} (\tan^{-1} b - \tan^{-1} 1) = \frac{\pi}{2} - \frac{\pi}{4} = \frac{\pi}{4}$$

Assim, a integral imprópria $\int_1^{\infty} \frac{1}{x^2 + 1} dx$ converge e, consequentemente, a série $\sum_{k=1}^{\infty} \frac{1}{k^2 + 1}$ converge.

Para o teste da raiz, temos:

Se $r = \lim \sqrt[n]{|a_n|}$, então consideramos que:

- se $r < 1$, a série $\sum_{n=1}^{\infty} a_n$ converge. Esta será absolutamente convergente;
- se $r > 1$, a série $\sum_{n=1}^{\infty} a_n$ diverge;
- se $r = 1$, então ela é indefinida.

Vamos a uma demonstração com uma série geométrica de razão igual a r.

Se $r = \lim \sqrt[n]{|a_n|} < 1$, consideramos que existe um $\varepsilon = \dfrac{1-r}{2}$. Então, existe um número $N \in \mathbb{N}$ (naturais) tal que para qualquer $n > N$, a razão será escrita $r - \varepsilon < \sqrt[n]{|a_n|} < r + \varepsilon$. Denota-se matematicamente que $r' = r + \varepsilon$, então temos que $r' < 1$ e $|a_n| < r'^n$. Como temos que a série $\sum_{k=N}^{\infty} r'^k$ é considerada uma série geométrica com razão $|r'| < 1$, ela é considerada convergente. Por comparação, a série $\sum_{k=N}^{\infty} |a_n|$ é convergente, o que implica que a série $\sum a_n$ seja absolutamente convergente.

Se a razão $r = \lim \sqrt[n]{|a_n|} > 1$, consideramos que $\varepsilon = \dfrac{r-1}{2}$ e $r' = r - \varepsilon$. Neste caso, temos $r'^k < a_n$ com $r' > 1$. Assim, temos que $\lim_{n \to \infty} a_n = \infty$. Logo, não podemos ter $\lim_{n \to \infty} a_n = \infty$, o que significa que a série é divergente.

Exemplo 17

Vamos para o teste da razão para a série $\sum \dfrac{e^n}{n^2}$, a qual dizemos *divergente*, pois temos que a razão dada é $r = \lim_{n \to \infty} \sqrt[n]{\dfrac{e^n}{n^2}} = \lim_{n \to \infty} \dfrac{e}{\sqrt[n]{n^2}} = e > 1$.

Aplicando o teorema teste da razão, vamos às seguintes condições: se $r = \lim \left|\dfrac{a_{n+1}}{a_n}\right|$, então temos três considerações a seguir:

- se $r < 1$, a série $\sum a_n$ será convergente;
- se $r > 1$, a série $\sum a_n$ será divergente;
- se $r = 1$, não será possível determinar.

Fazendo uma demonstração análoga do teste da raiz, mas utilizando cautela, temos:

Primeiro: se $r = \lim \left|\dfrac{a_{n+1}}{a_n}\right| < 1$, consideremos $\varepsilon = \dfrac{1-r}{2}$. Então, afirmamos que existe um número N pertencente aos $\mathbb{N}$ (naturais) tal que para qualquer valor de $n > N$, $r - \varepsilon < \left|\dfrac{a_{n+1}}{a_n}\right| < r + \varepsilon$. Denotando que $r' = r + \varepsilon$, temos que $r' < 1$ e $|a_{n+1}| < |a_n|r'$. Assim, numa série geométrica com razão $|r'| < 1$, ele converge.

Segundo: pelo teste da comparação, a série $\sum |a_{N+k}|$ é convergente, o que implica que a série $\sum a_n$ é absolutamente convergente.

Terceiro: quando $r = \lim \left|\dfrac{a_{n+1}}{a_n}\right| > 1$, consideramos $\varepsilon = \dfrac{r-1}{2}$ e $r' = r - \varepsilon$, no caso acima, obtendo $|a_N r'^k| < |a_{N+K}|$ com $r' > 1$.

Concluímos, assim, que $\lim\limits_{k \to \infty} a_{N+K} = \infty$. Logo, como não podemos ter $\lim\limits_{k \to \infty} a_n = 0$, significa que a série é divergente.

Nesse estudo, algumas observações são relevantes. A primeira é que, exceto para o cálculo de determinação da razão, o critério de teste entre razão e a raiz se assemelham quando há limites a considerar, e para isso não é suficiente alterar o teste quando a razão é igual a 1. No entanto, ocorrem casos em que somente com a aplicação dos testes é possível a obtenção da razão.

A segunda é que a convergência da série é mais rápida quando o valor da razão é cada vez menor. Logo, quando a razão é nula, indica que converge rapidamente, enquanto que, se a razão for igual a 1, a série converge lentamente.

A terceira é que existem situações que envolvem o problema em obter o limite da raiz ou da razão. Quando isso ocorre na demonstração da divergência, notamos que o teste da raiz e da razão nos mostra que o termo geral não tende a 0, o que podemos concluir que não há problemas quando aplicamos o teste da razão ao invés de aplicarmos o teste do termo geral para provar a convergência da série.

A quarta observação segue que, no teste da convergência ou divergência de séries, às vezes torna-se necessário mostrar que a série converge para provar que o limite da sequência é igual a 0. Isso ocorre quando o termo da série envolve a^n, $n!$, n^n entre outras formas que são de fácil manipulação pelo teste da razão ou da raiz, porém torna-se difícil de ser trabalhado diretamente.

Exemplo 18

Temos a série dada por $\sum \dfrac{n^2}{n!}$ como convergente, uma vez que a razão é dada por
$$r = \lim_{n \to \infty} \dfrac{|a_{n+1}|}{|a_n|} = \lim_{n \to \infty} \dfrac{(n+1)^2}{n^2} \cdot \dfrac{n!}{(n+1)!} = \lim_{n \to \infty} \dfrac{(n+1)^2}{n^2(n+1)} = \lim_{n \to \infty} \dfrac{n+1}{n^2} = \dfrac{\infty}{\infty}.$$

Aplicando L'Hospital, afirmamos que a razão será $r = \lim\limits_{n \to \infty} \dfrac{1}{2n} = \dfrac{1}{\infty} = 0 < 1$, o que comprova a convergência rápida da série.

Destacamos que nem sempre podemos empregar o teste da razão. Vejamos o próximo similar a n^n, tornando difícil a aplicação desse teste.

Exemplo 19

Seja a série $\sum\limits_{n=1}^{\infty} \left(\sqrt[n]{n} - \dfrac{1}{2} \right)^n$, esta converge, pois $\lim\limits_{n \to \infty} \sqrt[n]{|a_n|} = \lim\limits_{n \to \infty} \sqrt[n]{n} - \dfrac{1}{2} = 1 - \dfrac{1}{2} = \dfrac{1}{2} < 1$.

Proposição: Dado um número c, temos $\lim\limits_{n \to \infty} = \dfrac{c^n}{n!} = 0$.

Demonstração: Consideremos a série $\sum \dfrac{c^n}{n!}$. Aplicando o teste da razão, fazemos $r = \lim\limits_{n\to\infty} \dfrac{|a_{n+1}|}{|a_n|} = \lim\limits_{n\to\infty} \dfrac{c^{n+1}}{c^n}\dfrac{n!}{(n+1)!} = \lim\limits_{n\to\infty}\dfrac{c}{n+1} = \dfrac{c}{\infty} = 0 < 1$. Então, a série converge e, consequentemente, $\lim\limits_{n\to\infty} a_n = \lim\limits_{n\to\infty}\dfrac{c^n}{n!} = 0$.

Síntese

Neste capítulo, definimos o que são sequências e séries de sequências. Exploramos métodos de séries divergentes e convergentes de acordo com alguns critérios e condições de existência e aplicamos métodos-teste, como o da razão, o estudo dos limites e séries de potências, sequências monótonas e convergência de Cauchy. Além disso, buscamos, por meio de teoremas, comprovar ou não a existência de séries convergentes e divergentes e exploramos definições e testes de comprovação para séries limitadas, convergências monótonas limitadas, séries monótonas convergentes, séries harmônicas e telescópicas.

Atividades de autoavaliação

1) Assinale com verdadeiro (V) ou falso (F) as sentenças a seguir:

( ) Uma sequência numérica é usada em linguagem corrente para dar significado a uma sucessão de objetos e coisas que estão dispostas em ordem definida.

( ) Ao escrever o $\lim\limits_{n\to+\infty} a_n = L$, estamos afirmando que a sequência a_n é convergente para o limite L desde que, para cada número positivo ε, exista um valor inteiro positivo N.

( ) Nas séries de potências $\sum\limits_{k=0}^{\infty} c_k x^k (x-a)^k$, x é admitido como uma quantidade que pode variar. A série pode convergir para alguns valores de x, mas também pode ser convergente para outros valores. Quando x = a, a série converge e sua soma é o termo c_0.

( ) Nas séries de potências $\sum\limits_{k=0}^{\infty} c_k x^k (x-a)^k$, x será admitido como uma quantidade que pode variar. A série poderá convergir para alguns valores de x, mas não pode ser convergente para outros valores. Quando x = a, ta série converge e sua soma é o termo c_0.

Agora, assinale a alternativa que corresponde corretamente à sequência obtida:
a. F, V, V, V.
b. V, F, V, V.
c. V, V, F, V.
d. V, V, V, F.

2) Assinale com verdadeiro (V) ou falso (F) as sentenças a seguir:

( ) No estudo sobre raios de convergência de séries, é válido dizer que seja $\sum_{k=0}^{\infty} c_k(x-a)^k$ é considerada uma série de potência com raio de convergência R e $\lim_{n\to+\infty} \left|\frac{c_{n+1}}{c_n}\right| = L$, em que L é ou um número real não negativo ou L = +∞, consideramos que:
- se L é um número real positivo, então $R = \frac{1}{L}$;
- se L = 0, então R = +∞;
- se L = +∞, então R = 0.

( ) No estudo sobre uma série de convergência de raios, é válido dizer que seja o somatório $\sum_{k=0}^{\infty} c_k(x-a)^k$ considerado uma série de potência com raio divergente R e o limite escrito por $\lim_{n\to+\infty} \left|\frac{c_{n+1}}{c_n}\right| = L$, em que L é ou um número complexo não negativo ou L = +∞, consideramos que:
- se L é um número real positivo, então $R = \frac{1}{L}$;
- se L = 0, então R = +∞;
- se L = +∞, então R = 0.

( ) No estudo sobre raios de convergência de séries, é válido dizer que a soma explicitada por $\sum_{k=0}^{\infty} c_k(x-a)^k$ é considerada uma série de potência com raio de convergência R e o $\lim_{n\to+\infty} \left|\frac{c_{n+1}}{c_n}\right| = L$, em que L é ou um número real negativo ou L = −∞, consideramos que:
- se L é um número real positivo, então R = L − 1;
- se L < 0, então R = +∞;
- se L = −∞, então R > 0.

( ) No estudo sobre raios de convergência de séries, é válido dizer que seja a soma explicitada por $\sum_{k=0}^{\infty} c_k(x-a)^k$ é considerada uma série de potência com valores de convergência R e o limite representado por $\lim_{n\to+\infty} \left|\frac{c_{n+1}}{c_n}\right| = L$, em que L é ou um número natural não negativo ou L = +∞, consideramos que:
- se L é um número natural, porém negativo, então $R = \frac{1}{L}$;
- se L = 0, então R < +∞;
- se L = +∞, então R ≠ 0.

Agora, assinale a alternativa que corresponda corretamente à sequência obtida:
a. V, F, V, V.
b. V, F, F, F.
c. V, F, F, V.
d. F, V, V, F.

3) Assinale com verdadeiro (V) ou falso (F) as sentenças a seguir:

( ) Uma sequência $\{a_n = 2 + n\}$ é dita crescente se $a_n \geq a_{n+1}$ e decrescente se $a_n \geq a_{n+1}$ caso n seja um número inteiro negativo.

( ) Uma sequência $\{a_n\}$ é dita crescente quando $a_n \leq a_{n+1}$ e decrescente quando, $a_n \geq a_{n+1}$, caso n seja um número inteiro negativo.

( ) Uma sequência que seja crescente ou decrescente é dita *monótona*; caso não seja nem crescente nem decrescente, é dita *não monótona*.

( ) Um número C e um número D são chamados de *cota inferior* e *superior* de uma sequência $\{a_n\}$, se $C \leq a_n$, $a_n \leq D$ é notável para todo inteiro positivo n. Se a_n tem uma cota inferior ou superior, diz-se que é expressamente limitada inferiormente.

Agora, assinale a alternativa que corresponda corretamente à sequência obtida:
a. F, V, V, F.
b. V, F, F, F.
c. V, F, F, V.
d. F, V, F, F.

4) Assinale com verdadeiro (V) ou falso (F) as sentenças a seguir:

( ) Toda sequência crescente limitada superiormente é convergente. Analogamente, toda sequência decrescente limitada inferiormente é convergente.

( ) De acordo com o teorema de sequências monótonas convergentes, o limite de uma sequência crescente ou decrescente, quando convergente, tem uma cota superior ou inferior.

( ) As considerações

- se $|r| < 1$, então $\lim\limits_{n \to \infty} r^n = 0$. Assim, $\lim\limits_{n \to \infty} S_n = \dfrac{a}{1-r}$;

- se $|r| > 1$, então $\lim\limits_{n \to \infty} r^n$ não existe. Assim, $\lim\limits_{n \to \infty} S_n$ também não existe;

- se $r = 1$, então $S_n = n \cdot a$. Portanto, $\lim\limits_{n \to \infty} S_n = \lim\limits_{n \to \infty} n \cdot a$ também não existe;

- se $r = -1$, então S_n oscila. Portanto, $\lim\limits_{n \to \infty} S_n$ também não existe.

tornam verdadeira a sentença de que a enésima soma parcial da série geométrica é $S_n = \dfrac{a \cdot (1-r^n)}{1-r}$, com a condição de que r = 1.

( ) Segundo o teorema para séries telescópicas, a série $\sum_{n=1}^{\infty} a_n$ é convergente, então, dado um valor ε positivo e maior que zero, existe um número natural N que $|S_m - S_n| < \varepsilon$ para todo m, n > N.

Agora, assinale a alternativa que corresponda corretamente à sequência obtida:
a. F, V, V, F.
b. V, F, F, F.
c. V, V, F, V.
d. F, V, F, F.

5) Assinale com verdadeiro (V) ou falso (F) as sentenças a seguir:
( ) O limite de uma sequência crescente ou decrescente, quando convergente, apresenta uma cota superior ou inferior. Essa afirmação está associada ao Teorema de Cauchy.
( ) No estudo do Teorema de Cauchy, é possível provar que esse teorema tem relação com sequências crescentes, uma vez que, para provar as sequências decrescentes, o método é o mesmo por analogia e requer somente a inversão de algumas desigualdades.
( ) Se $|x < r|$, dizemos que a série é absolutamente convergente, e se $|x > r|$, dizemos que não é convergente. Essas condições estão associadas. Alguns critérios de convergência são dados por Cauchy, quando diz que, para toda série de potências, existe um r ilimitado num intervalo [0, ∞].
( ) Para provar que a série escrita por $\sum_{n=1}^{\infty} \dfrac{1}{n}$ é considerada uma série harmônica, utilizamos o teorema das séries telescópicas, na qual se diz que a série $\sum_{n=1}^{\infty} a_n$ é convergente. Então, dado um valor ε positivo e maior que zero, existe um número natural N que $|S_m - S_n| < \varepsilon$ para todo m, n > N.

Agora, assinale a alternativa que mostra a sequência correta das respostas:
a. V, F, F, F.
b. V, V, F, F.
c. V, V, F, V.
d. F, F, V, F.

Atividades de aprendizagem
Questões para reflexão

1) Encontram-se na natureza formas geométricas que apresentam similaridade e particularidades. Uma ideia é a geometria fractal, de Benoît Mandelbrot, que estabelecia as bases para o estudo focalizando as formas fragmentadas, fraturadas, rugosas e irregulares. Tais categorias de formas são normalmente geradas por uma dinâmica caótica, de modo que a geometria fractal descreve os traços e as marcas deixadas pela passagem dessa atividade dinâmica. Esse tipo de geometria, por sua vez, descreve os traços e as marcas deixadas pela passagem dessa atividade dinâmica. Com isso, é possível traduzir o universo como um fractal?

2) Muitos fenômenos não podem ser previstos por leis matemáticas. Assim, os fenômenos ditos *caóticos* são aqueles em que não há previsibilidade. As variações climáticas, oscilações do coração, do cérebro e as oscilações da bolsa de valores são fenômenos caóticos. Atualmente, com o desenvolvimento da matemática e das outras ciências, a teoria do caos surgiu com o objetivo de compreender e dar resposta às flutuações erráticas e irregulares que se encontram na natureza. É possível, portanto, afirmar que a matemática pode dar resposta a todo e qualquer tipo de fenômeno?

Atividades aplicadas: prática

1) Por meio de uma pesquisa bibliográfica a respeito da geometria fractal, elabore um comparativo mostrando a geometria fractal e os elementos que julga relevantes no estudo das sequências visto neste capítulo.

Podemos usar exemplos práticos para entender melhor a matemática?

A Matemática institucionalizada e formalizada nos currículos escolares e acadêmicos apresenta atributos e propriedades que exigem rigor e validação. Em contrapartida, podemos ter um ferramental matemático que pode, em alguns momentos, ultrapassar algumas formalizações e os rigores do corpo disciplinar. Com isso, queremos dizer que a matemática, como ciência, apresenta formas e métodos próprios quando empregada em situações práticas que envolvem fenômenos por vezes aleatórios. Na interpretação de fenômenos da natureza como época de secas e chuvaradas, pelos modelos matemáticos[1] ambientais, e outros modelos como os direcionados à medicina, biologia e outras áreas do saber, será preciso reconhecer e novamente validar todo o processo de construção de tais modelos para a interpretação correta dos fenômenos estudados e que estão formulados por hipóteses. Dessa perspectiva, este capítulo tem como finalidade apresentar as aplicações vistas nos capítulos anteriores, com o objetivo de comprovar que a matemática intuitiva, e não necessariamente formalizada, se faz presente em situações diversas cotidianamente.

---

1 Entendemos como modelos matemáticos as chamadas fórmulas matemáticas que podem ser generalizadas, construídas e aplicadas a determinados fenômenos naturais ou em situações fictícias.

Funções de integração duplas e triplas

5.1 Aplicação de integrais duplas e triplas

No estudo do cálculo de integrais duplas, foi possível mostrar situações-problema que nos permitem calcular o volume de uma determinada superfície. Da mesma forma, é possível aplicar as integrais duplas em outras situações-problema que envolvam cálculo de volumes, áreas, densidades, centro de massa, centroides e momentos. A escolha destes assuntos não limita a aplicação das integrais a essas situações, mas nos dá um direcionamento na forma como podem ocorrer e de que maneira podemos fazer analogias com outros casos semelhantes.

Pretendemos abordar a aplicação de **volumes, áreas, densidades, centro de massa, centroides**, e **momento de inércia**, nessa ordem, para facilitar o entendimento do conteúdo, e à medida que o estudo se desenvolver, inserir conceitos, definições e teoremas que envolvam as integrais duplas.

5.1.1 Cálculo de volume

Já sabemos que na geometria espacial os sólidos geométricos se originam da rotação 360° de uma figura plana em torno de um eixo principal determinado por uma reta.

Ao fazer o giro de uma região plana em torno de uma reta "t" pertencente ao plano xy, o resultado é um sólido de revolução, o que nos leva entender por que a reta "t" ao redor da região plana também é chamada de *eixo de revolução*.

Usando a integral dupla, podemos expressar o volume V sob o gráfico de uma função f não negativa, que seja contínua sobre uma região R, e, assim, temos o volume representado pela expressão $V = \iint_R f(x,y) \cdot dx \cdot dy$. Aplicando o método de iteração, calculamos a integral dupla e posteriormente o volume.

Exemplo 1

Consideremos o gráfico a seguir, que mostra R sendo a região no plano xy limitada pela parábola $f(x) = 4 - x^2$ e pelo eixo das abscissas x. Calculamos o volume sob o gráfico de $f(x, y) = x + 2y + 3$, localizado acima da região R.

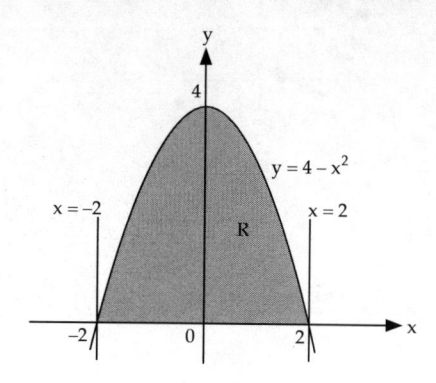

Fonte: Munem; Foulis, 1982, p. 952.

Para chegarmos a essa solução, observamos que a região R é limitada à esquerda pela reta vertical de expressão x = –2, à direita pela expressão x = 2, acima e abaixo pelas retas cujas expressões são y = 4 – x² e y = 0, respectivamente.

Pelo método de iteração, faremos

$$V = \iint_R (x + 2y + 3) \cdot dx \cdot dy = \int_{-2}^{2} \left[\int_0^{4-x^2} (x + 2y + 3) \cdot dy \right] \cdot dx =$$

$$= \int_{-2}^{2} \left[(x \cdot y + y^2 + 3y) \bigg|_0^{4-x^2} \right] \cdot dx = \int_{-2}^{2} \left[x \cdot (4 - x^2) + (4 - x^2)^2 + 3 \cdot (4 - x^2) \right] \cdot dx =$$

$$= \int_{-2}^{2} (x^4 - x^3 - 11x^2 + 4x + 28).dx = \left(\frac{x^5}{5} - \frac{x^4}{4} - \frac{11x^3}{3} + 2x^2 + 28x \right) \bigg|_{-2}^{2} =$$

$$= \frac{992}{15} \text{ u.v.}$$

5.1.2 Cálculo de área

Para o cálculo de uma área limitada por curvas, consideremos o gráfico a seguir:

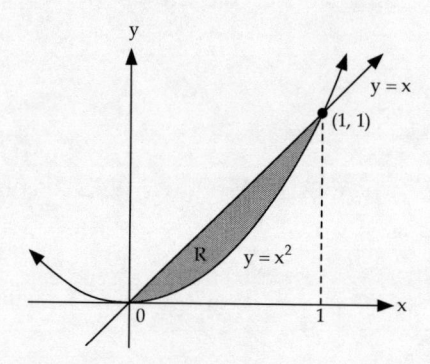

Fonte: Munem; Foulis, 1982, p. 953.

No gráfico representado, temos a região R limitada pela curva $y = x^2$ e pela reta $y = x$. Para o cálculo da área, calculamos:

$$A = \iint_R dx \cdot dy = \int_{x=0}^{x=1} \left[\int_{y=x^2}^{y=x} dy \right] \cdot dx =$$

$$= \int_{x=0}^{x=1} \left[y \Big|_{x^2}^{x} \right] \cdot dx = \int_0^1 (x - x^2) \cdot dx =$$

$$= \left(\frac{x^2}{2} - \frac{x^3}{3} \right) \Big|_0^1 = \frac{1}{6} \text{ unidades de área (u.a.)}$$

5.1.3 Cálculo de densidade

No estudo de Física, interpretamos a densidade de um corpo ou de determinado material, seja líquido, sólido ou gasoso, como sendo a relação entre a massa e o volume por ele ocupado. Consideremos uma quantidade tal como massa ou carga elétrica distribuída de um modo contínuo, uniforme ou não, sobre uma porção do plano xy. A essa função de duas variáveis atribuímos uma letra grega σ (sigma) para representá-la como uma função de densidade para essas distribuições bidimensionais admissíveis para a região R no plano xy.

Sendo assim, temos a função que representa a soma da quantidade de carga contida em R:

$$\iint_R \sigma(x,y) \cdot dx \cdot dy$$

Exemplo 2

O gráfico a seguir representa a distribuição da carga elétrica sobre a região R triangular, uma vez que a densidade da carga elétrica em qualquer ponto (x,y) em R é dada por $\iint_R \sigma(x,y) = (x - x^2) \cdot (y - y^2)$ coulomb/cm². Calculando a soma total de carga elétrica na região R, temos:

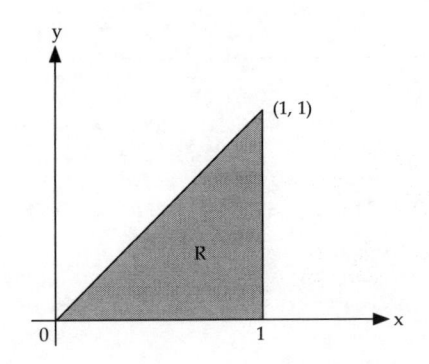

Fonte: Munem; Foulis, 1982, p. 953.

$$\iint_R \sigma(x,y)\cdot dx\cdot dy = \int_0^1\int_0^x (x-x^2)\cdot(y-y^2)\cdot dy\cdot dx =$$

$$= \int_0^1 (x-x^2)\cdot\left(\frac{y^2}{2}-\frac{y^3}{3}\right)\Big|_0^x dx =$$

$$= \int_0^1 \left(\frac{x^3}{2}-\frac{5x^4}{6}+\frac{x^5}{3}\right) = \left(\frac{x^4}{8}-\frac{x^5}{6}+\frac{x^6}{18}\right) = \frac{1}{72}\,\text{coulomb}$$

Supondo que uma quantidade seja distribuída sobre uma região R no plano xy e que é a sua função densidade, escolhemos um ponto (a, b) pertencente à região R, a considerar pelo gráfico a seguir uma pequena região retangular ΔR central.

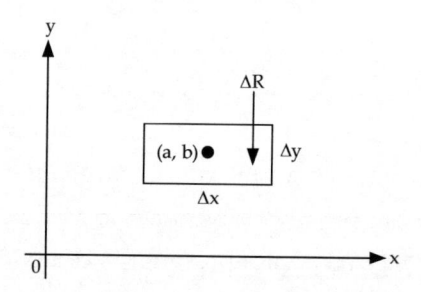

Fonte: Munem; Foulis, 1982, p. 954.

No ponto (a,b) com dimensões Δx e Δy, a área será igual a ΔA = Δx · Δy, considerando que Δq representará a soma da quantidade contida na região ΔR, então:

$$\Delta q = \iint_{\Delta R} \sigma(x,y) = dx\cdot dy$$

Se σ é contínua e as dimensões Δx e Δy são muito pequenas, então o valor de σ(x, y) é próximo do valor σ(a, b) para todos os pontos (x, y) pertencentes à região do retângulo ΔR, ou seja, σ(x, y) ≈ σ(a, b) para todos os pontos (x, y) em ΔR.

Assim, podemos dizer que:

$$\Delta q = \iint_{\Delta R} \sigma(x,y)dx\cdot dy \approx \iint_{\Delta R} \sigma(a,b)dx\cdot dy = \sigma(a,b)\iint_{\Delta R} dx\cdot dy,\text{ pois a função }\sigma(a,b)\text{ é uma constante.}$$

Entretanto, se $\iint_{\Delta R} dx\cdot dy = \Delta A = \Delta x\cdot\Delta y$, isso nos permite escrever:

Δq ≈ σ(a, b) · ΔA = σ(a, b) · Δx · Δy, consequentemente temos: $\sigma(a,b)\approx\dfrac{\Delta q}{\Delta A}$.

Porém, com uma aproximação melhorada à medida que Δx e Δy tornam-se menores, por consequência, a densidade da função σ(a, b) nos pontos (a, b) pode nos levar a interpretá-los como valores-limite da soma da quantidade por unidade de área em uma pequena região ΔR em torno do ponto (a, b) quando ΔR tende a um valor 0. Isso nos permite escrever a expressão $\sigma(a, b) = \frac{\Delta q}{\Delta A}$, que é a fórmula válida para obtenção da quantidade "infinitesimal" dq de matéria contida em um retângulo "infinitesimal" de dimensões dx e dy, com centro no ponto (a, b).

5.1.4 Momento centro e massa

No estudo da dinâmica dos corpos, definimos *centro e massa* como a concentração de massa num único ponto de um corpo ou de vários corpos. A partir dessa breve definição, vamos supor que uma partícula P de massa m esteja situada no ponto (x, y) no plano de coordenadas xy. O produto massa m da partícula pela distância x do eixo y é chamado de momento de P em relação ao eixo y; da mesma forma, o produto da massa pela distância y em relação ao eixo x é chamado de momento de P em relação ao eixo x.

O gráfico a seguir mostra uma massa total m continuamente distribuída sobre uma região plana admissível em R, sob a forma de uma película delgada de material, a qual também é chamada de *lâmina*, considerando a função σ de densidade para essa distribuição de massa.

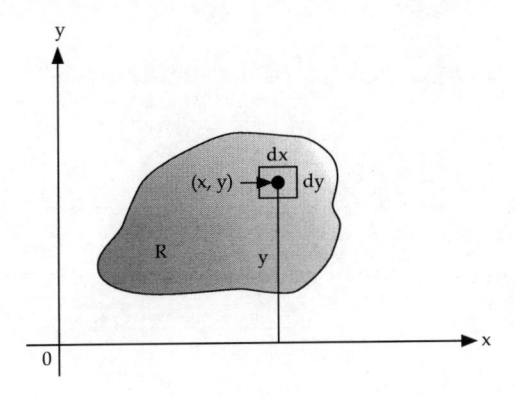

Fonte: Munem; Foulis, 1982, p. 955.

Considerando (x, y) um ponto na região R do gráfico, e o retângulo infinitesimal de dimensões dx e dy centrado em (x, y), analisamos que a massa contida nessa região do retângulo "infinitesimal" será dada por dm = σ(x, y) · dx · dy, com uma distância em relação ao eixo das abscissas que tem como valor y unidades. Logo, seu momento em relação ao eixo x é dado por (dm)y = σ(x, y)y · dx · dy.

O resultado do somatório da integração de todos os momentos de infinitésimos representa o momento total de toda a massa da lâmina. Consequentemente, o momento M_x da lâmina em relação ao eixo das abscissas x será dado pela expressão $M_x = \iint\limits_R \sigma(x, y) \cdot y \cdot dx \cdot dy$.

Da mesma forma, o momento M_y da lâmina em relação ao eixo das ordenadas y é dado pela expressão $M_y = \iint_R \sigma(x,y) \cdot y \cdot dx \cdot dy$. Portanto, a massa total m da lâmina é $m = \iint_R \sigma(x,y) \cdot y \cdot dx \cdot dy$.

As coordenadas $\bar{x}$ e $\bar{y}$ do centro da massa m da lâmina são dadas pelas equações:

$$\bar{x} = \frac{M_y}{m} = \frac{\iint_R \sigma(x,y) x \cdot dx \cdot dy}{\iint_R \sigma(x,y) dx \cdot dy} \quad \text{e} \quad \bar{y} = \frac{M_x}{m} = \frac{\iint_R \sigma(x,y) y \cdot dx \cdot dy}{\iint_R \sigma(x,y) dx \cdot dy}$$

Considerando que, se toda a massa m da lâmina estivesse concentrada em uma partícula P no centro da massa, então podemos dizer que os momentos de P em relação aos eixos x e y seriam iguais aos momentos da lâmina completa em relação aos eixos das abscissas e das ordenadas respectivamente. Podemos dizer, então, que $m\bar{x} = M_y$ e $m\bar{y} = M_x$.

Exemplo 3

O gráfico representado a seguir mostra uma região R limitada por uma curva cuja equação é $y = \sqrt[3]{x}$, abaixo pelo eixo das abscissas e à direita pela vertical em que $x = 8$. A densidade da massa na lâmina no ponto (x, y) é dada pela função de densidade $\sigma(x,y) = k \cdot x$, em que K é um valor constante e positivo.

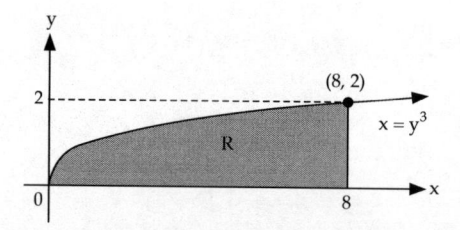

Fonte: Munem; Foulis, 1982, p. 957.

Calculamos a massa total m da lâmina, fazendo:

$$m = \iint_R \sigma(x,y) \cdot dx \cdot dy = \int_0^2 \int_{y^3}^8 k \cdot x \cdot dx \cdot dy = \int_0^2 \left[\frac{k \cdot x^2}{2} \bigg|_{y^3}^8 \right] \cdot dy =$$

$$= k \int_0^2 \left(32 - \frac{y^6}{2} \right) \cdot dy = k \left(32y - \frac{y^7}{14} \right) \bigg|_0^2 = \frac{384\,k}{7} \text{ u.m.}$$

Ao calcularmos os momentos M_x e M_y, temos:

$$M_x = \iint_R \sigma(x,y) \cdot y \cdot dx \cdot dy = \int_0^2 \int_{y^3}^8 k \cdot x \cdot y \cdot dx \cdot dy = k \int_0^2 \left[\frac{y \cdot x^2}{2} \bigg|_{y^3}^8 \right] \cdot dy =$$

$$= k \int_0^2 \left(32y - \frac{y^7}{2} \right) \cdot dy = k \left(16y^2 - \frac{y^8}{16} \right) \bigg|_0^2 = 48k$$

$$M_y = \iint_R \sigma(x,y) \cdot x \cdot dx \cdot dy = \int_0^2 \int_{y^3}^8 k \cdot x^2 \cdot dx \cdot dy = k \int_0^2 \left[\frac{x^3}{3}\bigg|_{y^3}^8\right] \cdot dy =$$

$$= k \int_0^2 \left(\frac{512}{3} - \frac{y^9}{3}\right) \cdot dy = k \left(\frac{512}{3}y - \frac{y^{10}}{30}\right)\bigg|_0^2 = \frac{1536k}{5}$$

Calculamos o centro de massa em $(\bar{x}, \bar{y})$, fazendo:

$$\bar{x} = \frac{M_y}{m} = \frac{1536k}{5} \cdot \frac{7}{384k} = \frac{28}{5}$$

$$\bar{y} = \frac{M_x}{m} = 48k \cdot \frac{7}{384k} = \frac{7}{8}$$

Concluímos, por meio desses cálculos, que o centro de massa $(\bar{x}, \bar{y}) = \left(\frac{28}{5}, \frac{7}{8}\right)$.

5.1.5 Centroides

Definimos *centroide* como um centro de distribuição de massa homogênea numa determinada região R. A região que tem uma distribuição de massa homogênea, em que a função de densidade é dada por σ é constante. Ao admitir que uma quantidade está distribuída uniformemente numa região R, podemos dizer que a quantidade de matéria em qualquer sub-região R, que vamos chamar de R_1, será proporcional à área de R.

Se a densidade da distribuição de massa é dada por σ(x, y) = k, para todo (x, y) pertencente à região R, em que k é uma constante, então as coordenadas $(\bar{x}, \bar{y})$ do centroide de R são dadas por:

$$\bar{x} = \frac{\iint_R \sigma(x,y) \cdot x \cdot dx \cdot dy}{\iint_R \sigma(x,y) \cdot dx \cdot dy} = \frac{k\iint_R x \cdot dx \cdot dy}{k\iint_R dx \cdot dy} = \frac{\iint_R x \cdot dx \cdot dy}{\iint_R dx \cdot dy}$$

$$\bar{y} = \frac{\iint_R \sigma(x,y) \cdot y \cdot dx \cdot dy}{\iint_R \sigma(x,y) \cdot dx \cdot dy} = \frac{k\iint_R y \cdot dx \cdot dy}{k\iint_R dx \cdot dy} = \frac{\iint_R y \cdot dx \cdot dy}{\iint_R dx \cdot dy}$$

Sendo a área dada por $A = \iint_r dx \cdot dy$, podemos escrever que:

$$\bar{x} = \frac{1}{A} \iint_R x \cdot dx \cdot dy \quad e \quad \bar{y} = \frac{1}{A} \iint_R y \cdot dx \cdot dy$$

Exemplo 4

Vamos calcular o centroide de uma região R, limitada por uma reta $y = x + 2$ e a curva $y = x^2$, e a região R, representada pelo gráfico a seguir, fazendo:

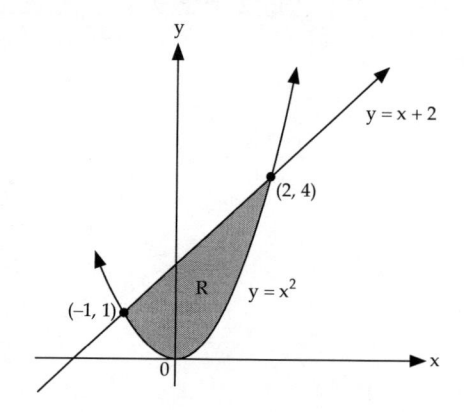

Fonte: Munem; Foulis, 1982, p. 958.

Portanto,

$$\overline{x} = \frac{1}{A} \iint_R x \cdot dx \cdot dy = \frac{2}{9} \int_{x^2}^{x+2} x \cdot dy \cdot dx =$$

$$= \frac{2}{9} \int_{-1}^{2} \left[x \cdot (x+2) - x^3 \right] \cdot dx = \frac{2}{9} \left[\frac{x^3}{3} + x^2 - \frac{x^4}{4} \right] \Big|_{-1}^{2} = \frac{2}{9} \left(\frac{8}{3} - \frac{5}{12} \right) = \frac{1}{2}$$

$$\overline{y} = \frac{1}{A} \iint_R y \cdot dx \cdot dy = \frac{2}{9} \int_{-1}^{2} \int_{x^2}^{x+2} y \cdot dy \cdot dx =$$

$$= \frac{2}{9} \int_{-1}^{2} \frac{1}{2} \left[(x+2)^2 - x^4 \right] \cdot dx = \frac{1}{9} \left[\frac{x^3}{3} + 2x^2 + 4x - \frac{x^5}{5} \right] \Big|_{-1}^{2} = \frac{1}{9} \left(\frac{184}{15} - \left(-\frac{32}{15} \right) \right) = \frac{8}{5}$$

Concluímos que o centroide de R é $(\overline{x}, \overline{y}) = \left(\frac{1}{2}, \frac{8}{5} \right)$.

5.1.6 Momentos de inércia

Consideremos no gráfico ao lado uma força $\vec{F}$ atuando num ponto em um corpo rígido e $\overline{AB}$ um eixo não paralelo a $\vec{F}$ que não passando pelo ponto de aplicação P, e O o ponto situado no pé da perpendicular traçada de P ao eixo $\overline{AB}$.

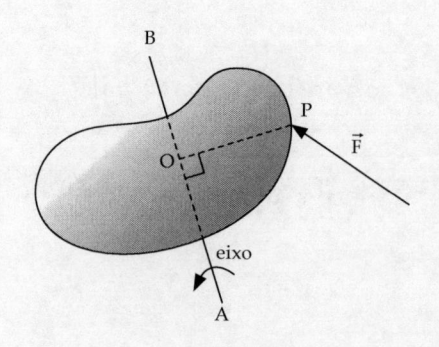

Fonte: Munem; Foulis, 1982, p. 959.

A força $\vec{F}$ tende a causar uma rotação no corpo em torno do eixo $\overline{AB}$; de fato, isso produz uma aceleração angular α radianos por segundo ao quadrado em torno desse eixo. Se denotamos por F_p o valor absoluto da componente escalar de $\vec{F}$ na direção perpendicular ao plano contendo $\overline{AB}$ e $\overline{OP}$, então a quantidade L definida por $L = F_p|\overline{OP}|$ é chamada de *módulo do torque* em torno do eixo $\overline{AB}$, causado pela aplicação da força $\vec{F}$ no ponto P.

No estudo da mecânica elementar, é mostrado que o módulo do torque é proporcional à aceleração angular α, isto é, $L = I\overline{AB}\,\alpha$, considerando este como o momento de inércia do corpo em relação ao eixo $\overline{AB}$ e que depende somente desse eixo e da distribuição de massa no corpo.

Exemplo 5

No gráfico abaixo, uma partícula P de massa m é ligada à origem O por uma barra de baixa massa rígida, de comprimento dado por $r = |\overline{OP}|$ e coloca em dinâmica um círculo no plano yz acionado por uma força $\vec{F}$ situada no plano yz e perpendicular a $\overline{OP}$. Se θ denota o ângulo em radianos entre o eixo y e $\overline{OP}$, então, por definição, $\alpha = \dfrac{d^2 \cdot \theta}{d \cdot t^2}$ nos fornece a aceleração angular de P ao redor do eixo x.

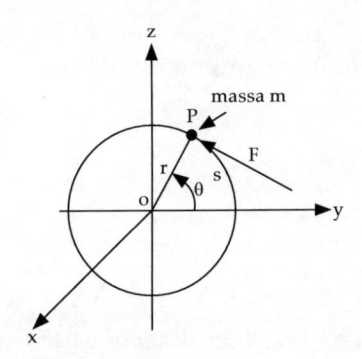

Fonte: Munem; Foulis, 1982, p. 960.

É fácil mostrar que $|\vec{F}| = m \cdot r \cdot \dfrac{d^2\theta}{d \cdot t^2}$, logo, multiplicando por r e notando que $L = F_p|\overline{OP}| = |\vec{F}|r$ e $\alpha = \dfrac{d^2\theta}{dt^2}$, obtemos $L = m \cdot r^2 \cdot \alpha$. Então, o momento de inércia de uma partícula P em relação a um eixo, nesse caso o eixo das abscissas, é dado por $I = m \cdot r^2$, em que m representa a massa e r a distância do eixo.

Exemplo 6

Vamos calcular o momento de inércia de uma lâmina que ocupa uma região R no plano, em relação a um eixo situado neste plano, como demonstrado no gráfico a seguir. Consideremos que a lâmina tenha função de densidade σ(x, y) no ponto (x, y) e o retângulo infinitesimal tenha dimensões dx e dy com centro em (x, y).

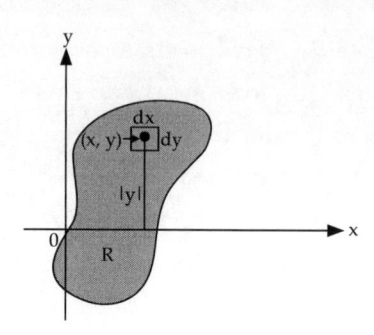

Fonte: Munem; Foulis, 1982, p. 960.

A massa nesse retângulo infinitesimal é dada por dm = σ(x, y) · dx · dy. A distância ao eixo das abscissas x vale $|y|$ unidades, assim, seu momento de inércia em relação ao eixo x será dado por dI = $|y|^2$ · dm = σ(x, y) · y^2 · dx · dy.

O momento de inércia total I_x da lâmina, em relação ao eixo x, é obtido pela soma, isto é, pela integração de todas as quantidades "infinitesimais" σ(x, y) · y^2 · dx · dy.

Assim, temos $I_x = \iint\limits_R \sigma(x,y) \cdot y^2 \cdot dx \cdot dy$.

De modo semelhante, achamos o momento de inércia em relação a y, que será $I_y = \iint\limits_R \sigma(x,y) \cdot x^2 \cdot dx \cdot dy$.

Em geral, o momento de inércia em relação à reta l : ax + by + c é dado por:

$$I_l = \iint\limits_R \sigma(x,y) \frac{(ax+by+c)^2}{a^2+b^2} \cdot dx \cdot dy$$

Antes de seguir para as atividades, podemos dizer que o cálculo do momento em relação a um eixo perpendicular ao plano da lâmina, eixo este que passa pela origem do sistema, chamado de *momento de inércia polar* I_0, é dado por $I_0 = \iint\limits_R \sigma(x,y) \cdot (x^2+y^2) \cdot dx \cdot dy = I_x + I_y$.

Exercícios de fixação

1) Dados os momentos de inércia I_x, I_y e I_0 de uma lâmina quadrada cujos lados medem 2 centímetros de comprimento e são paralelos aos eixos x e y, com centro na origem do sistema, calcular os momentos I_x, I_y e I_0 considerando que a lâmina seja homogênea e que sua massa total seja igual a 8 gramas.

2) Obtenha por meio do cálculo o momento de inércia I_x de uma lâmina que ocupa a região R compreendida nos intervalos [0, 1] do eixo das abscissas e [0, $\sqrt{1-x^2}$] do eixo das ordenadas.

5.2 Aplicações de coordenadas polares, esféricas e cilíndricas

No estudo a respeito de uma região R em que se aplicam as integrais duplas, estas são facilmente escritas em coordenadas polares e entendidas com maior clareza do que quando representadas em coordenadas cartesianas.

O gráfico a seguir é descrito em coordenadas polares, pois satisfaz as condições em que $r_0 \leq r \leq r_1$ e o ângulo $\theta_0 \leq \theta \leq \theta_1$. Entretanto, como a descrição em coordenadas cartesianas é complicada, vamos apresentar um método para converter uma integral dupla em coordenadas cartesianas para uma integral iterada que seja equivalente e expressa em coordenadas polares. De modo análogo, será feita uma mudança de variável para integral definida ordinária.

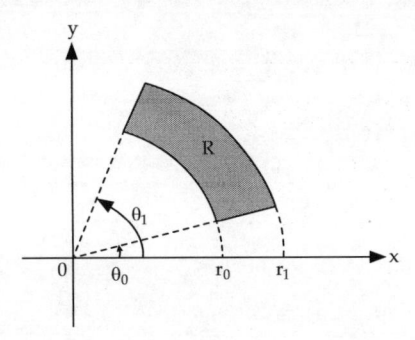

Fonte: Munem; Foulis, 1982, p. 964.

A indicação para o método apropriado para mudar as coordenadas de cartesianas para polares, pode ser calculada, como mostra o gráfico a seguir, por uma porção infinitesimal da área da região R do gráfico anterior, correspondendo a trocas "infinitesimais" de dr em r e dθ em θ. Evidentemente, dA é virtualmente a área de um retângulo de dimensões rdθ e dr, de modo que podemos escrever:

$dA = (rd\,\theta)\,dr = rd\,rd\,\theta$

Em coordenadas cartesianas, a área de um retângulo "infinitesimal" de dimensões dx e dy é dada por $dA = dx \cdot dy$ e a área "infinitesimal" análoga em coordenadas polares é dada por $dA = rdr\,\theta$. Vejamos o gráfico a seguir:

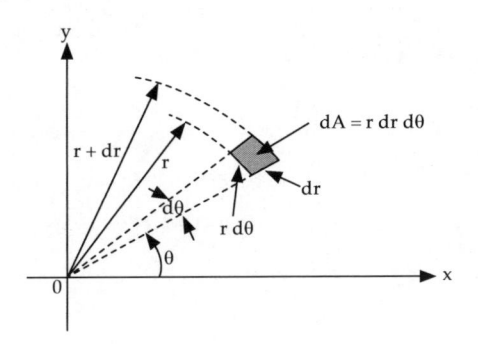

Fonte: Munem; Foulis, 1982, p. 964.

Dado o argumento gráfico, podemos escrever a integral

$$\iint_R f(x,y)dx \cdot dy = \iint_R f(x,y)dA$$

a ser convertida em uma integral equivalente em coordenadas polares, colocando-se $x = r\cos\theta$, $y = r\operatorname{sen}\theta$ e $dA = r\,dr\,d\theta$. O teorema a seguir mostra como tal conversão para coordenadas polares é aconselhável.

Teorema – Mudança para coordenadas polares em uma integral dupla

Na hipótese de que uma função f seja considerada contínua numa região específica do plano R e todos os pontos (x,y) sejam pertencentes ao domínio e imagem da função e consideramos que o par $(x, y) = (r\cos\theta, r\operatorname{sen}\theta)$, em que $0 \le r_0 \le r \le r_1$ e $\theta_0 \le \theta \le \theta_1$, com $0 < \theta_1 - \theta_0 \le 2\pi$, temos que:

$$\iint_R f(x,y)dx \cdot dy = \int_{\theta=\theta_0}^{\theta=\theta_1} \left[\int_{r=r_0}^{r=r_1} f(r\cos\theta,\ r\operatorname{sen}\theta)\,r\,dr \right] d\theta$$

$$= \int_\theta^{\theta_1} \int_{r_0}^{r_1} f(r\cos\theta, r\operatorname{sen}\theta)\,r\,dr\,d\theta$$

Exemplo 7

Aplicando a mudança para coordenadas polares, conforme o teorema, calculamos $\iint_R e^{x^2+y^2}dx \cdot dy$, em que R é considerada a região no primeiro quadrante interior ao círculo de equação $x^2 + y^2 = 1$, como está expresso no gráfico ao lado

Resolvendo o cálculo, a região R é descrita em coordenadas polares por $1 \le r \le 2$ e $0 \le \theta \le \dfrac{\pi}{2}$. Com o teorema da mudança para coordenadas polares em uma integral dupla, fazemos:

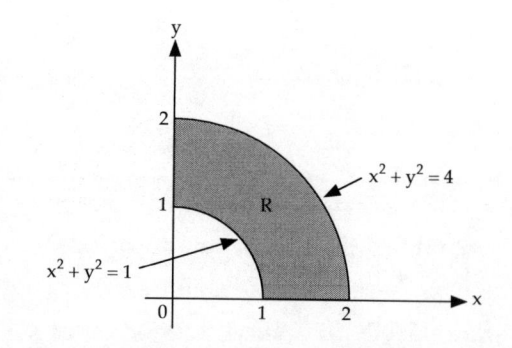

Fonte: Munem; Foulis, 1982, p. 965.

$$\iint_R f(x,y)dx \cdot dy = \iint_R e^{x^2+u^2}dx\,dy = \int_{\theta=0}^{\theta=\frac{\pi}{2}} \left[\int_{r=1}^{r=2} e^{r^2} r\,dr \right] d\theta$$

$$= \int_{\theta=0}^{\theta=\frac{\pi}{2}} \left[\frac{1}{2}e^{r^2} \bigg|_{r=1}^{r=2} \right] d\theta = \int_0^{\frac{\pi}{2}} \left(\frac{1}{2}e^4 - \frac{1}{2}e \right) d\theta = \left(\frac{1}{2}e^4 - \frac{1}{2}e \right)\left(\theta \bigg|_0^{\frac{\pi}{2}} \right) = \frac{\pi e}{4}(e^3 - 1)$$

Em alguns casos, é válido escrever uma integral iterada dada como uma integral dupla equivalente, e então calcular a integral dupla mudando para coordenadas polares. Essa técnica consiste em calcular a integral iterada.

Exemplo 8

Dada a integral iterada $\int_{-3}^{3} \int_{0}^{\sqrt{9-x^2}} (2x + y)dy \cdot dx$ pela mudança para coordenadas polares, temos a integral iterada $\int_{-3}^{3} \int_{0}^{\sqrt{9-x^2}} (2x + y)dy \cdot dx$, que é equivalente à integral dupla $\iint_R (2x + y)dx \cdot dy$, sobre a região R: $-3 \le x \le 3$, $0 \le y \le \sqrt{9-x^2}$, como expresso no gráfico abaixo:

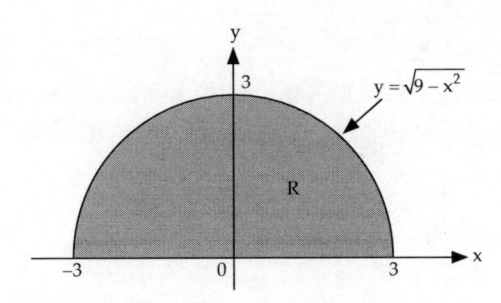

Fonte: Munem; Foulis, 1982, p. 966.

A região mostrada pelo gráfico, também pode ser escrita em coordenadas polares $0 \le r \le 3$ e $0 \le \theta \le \pi$. Pelo teorema da mudança de coordenadas polares em uma integral dupla, temos:

$$\int_{-3}^{3} \int_{0}^{\sqrt{9-x^2}} (2x + y)dy \cdot dx = \iint_R (2x + y)dx\, dy = \int_{0}^{\pi} \int_{0}^{3} (2r\cos\theta + r\,\text{sen}\theta)r\, dr\, d\theta =$$

$$= \int_{0}^{\pi} \left[\int_{0}^{3} (2\cos\theta + \text{sen}\theta)r^2 dr \right] d\theta = \int_{0}^{\pi} \left[(2\cos\theta + \text{sen}\theta)\frac{r^3}{3}\Big|_{0}^{3} \right] d\theta$$

$$= 9\int_{0}^{\pi}(2\cos\theta + \text{sen}\theta)d\theta = 9[2\text{sen}\theta - \cos\theta]\Big|_{0}^{\pi} = 18$$

O teorema pode ser generalizado em inúmeras formas úteis. Por exemplo, considere a região R no plano xy constituída por todos os pontos cujas coordenadas polares satisfazem as condições $\theta_0 \le \theta \le \theta_1$ e $g(\theta) \le r \le h(\theta)$, em que $0 \le \theta_1 - \theta_0 \le 2\pi$ e g e h são funções contínuas definidas no intervalo fechado $[\theta_0, \theta_1]$, tal que $0 \le g(\theta) \le h(\theta)$ vale para todos os valores de θ em $[\theta_0, \theta_1]$, conforme mostra o gráfico ao lado:

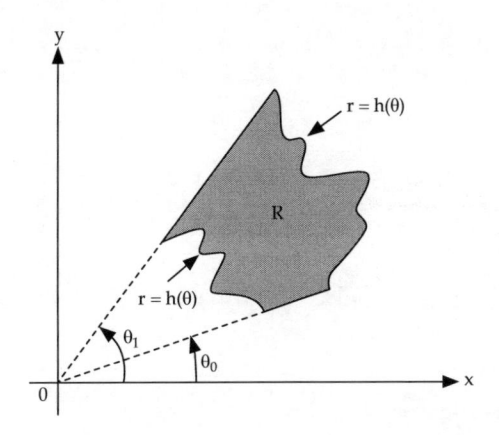

Fonte: Munem; Foulis, 1982, p. 967.

Então, se f é uma função contínua de duas variáveis definidas da região R, temos:

$$\iint_R f(x,y)dx\,dy = \int_{\theta=\theta_0}^{\theta=\theta_1}\left[\int_{r=g(\theta)}^{r=h(\theta)} f(r\cos\theta,\ r\,\text{sen}\theta)r\,dr\right]d\theta$$
$$= \int_{\theta_0}^{\theta_1}\int_{g(\theta)}^{h(\theta)} f(r\,\cos\theta,\ r\,\text{sen}\,\theta)r\,dr\,d\theta$$

Exemplo 9

Vamos calcular $\iint_R x\,dx\,dy$ sobre a região R constituída por todos os pontos cujas coordenadas polares satisfazem as condições $0 \le \theta \le \dfrac{\pi}{4}$ e $2\cos\theta \le r \le 2$.

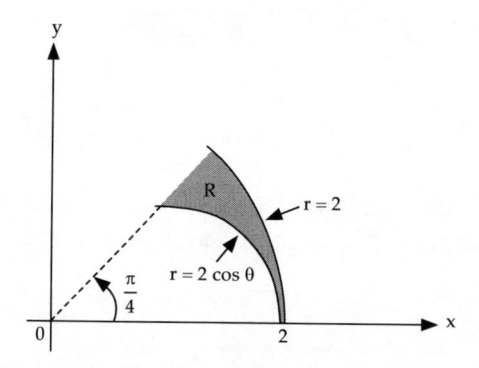

Fonte: Munem; Foulis, 1982, p. 967.

Temos:

$$\iint_R x\,dx\,dy = \int_{\theta=0}^{\theta=\frac{\pi}{4}}\left[\int_{r=2\cos\theta}^{r=2} r\,\cos\theta\,r\,dr\right]d\theta = \int_0^{\frac{\pi}{4}}\cos\theta\left[\frac{r^3}{3}\bigg|_{2\cos\theta}^{2}\right]d\theta$$

$$= \int_0^{\frac{\pi}{4}}\left(\frac{8}{3}\cos\theta - \frac{8\cos^4\theta}{3}\right)d\theta = \frac{8}{3}\int_0^{\frac{\pi}{4}}\cos\theta\,d\theta - \frac{8}{3}\int_0^{\frac{\pi}{4}}\cos^4\theta\,d\theta =$$

$$= \frac{8}{3}\int_0^{\frac{\pi}{4}}\cos\theta\,d\theta - \frac{1}{3}\int_0^{\frac{\pi}{4}}(3 + 4\cos 2\theta + \cos 4\theta)\,d\theta =$$

$$= \frac{8}{3}\text{sen}\theta\bigg|_0^{\frac{\pi}{4}} - \frac{1}{3}\left(3\theta + 2\,\text{sen}\,2\theta + \frac{1}{4}\,\text{sen}\,4\theta\right)\bigg|_0^{\frac{\pi}{4}}$$

$$= \frac{16\sqrt{2} - 3\pi - 8}{12}$$

Exercícios de fixação

3) Obtenha a área contida pela porção da cardioide de raio igual a 2(1 + cos θ) situada no quarto e no primeiro quadrante.

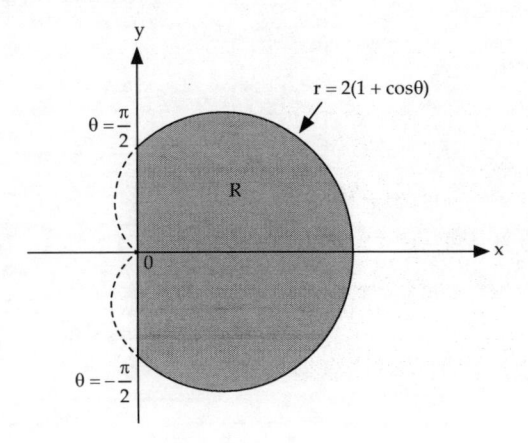

$r = 2(1 + \cos\theta)$

$\theta = \dfrac{\pi}{2}$

$\theta = -\dfrac{\pi}{2}$

Fonte: Munem; Foulis, 1982, p. 968.

5.2.1 Elementos esféricos (esfericidade)

No estudo do cálculo dos elementos esféricos, abordamos o cálculo das integrais triplas em coordenadas cilíndricas e esféricas, da mesma forma que concluímos que a conversão para coordenadas polares pode resultar em certas integrais duplas mais fáceis de serem calculadas. Para os elementos esféricos e cilíndricos, não é muito diferente o cálculo das integrais.

A conversão para coordenadas cilíndricas pode ser feita pelo seguinte processo: sejam θ_0 e θ_1 constantes, tais que $0 \leq \theta_1 - \theta_0 \leq 2\pi$, e supondo que duas funções G e H sejam contínuas, tais que $0 \leq G(\theta) \leq H(\theta)$ e sejam válidas para todos os valores de θ no intervalo fechado $[\theta_0, \theta_1]$, considerando g e h funções contínuas tais que $g(r, \theta) \leq h(r, \theta)$ seja válido para todos os valores de r e θ com $\theta_0 \leq \theta \leq \theta_1$ e $G(\theta) \leq r \leq H(\theta)$, em um sólido S constituído por todos os pontos cujas coordenadas cilíndricas (r, θ, z) satisfaçam as condições:

$\theta_0 \leq \theta \leq \theta_1$, $G(\theta) \leq r \leq H(\theta)$ e $g(r, \theta) \leq z \leq h(r, \theta)$

Considera-se, portanto, que f seja uma função contínua definida para todos os pontos (x,y,z) do sólido S:

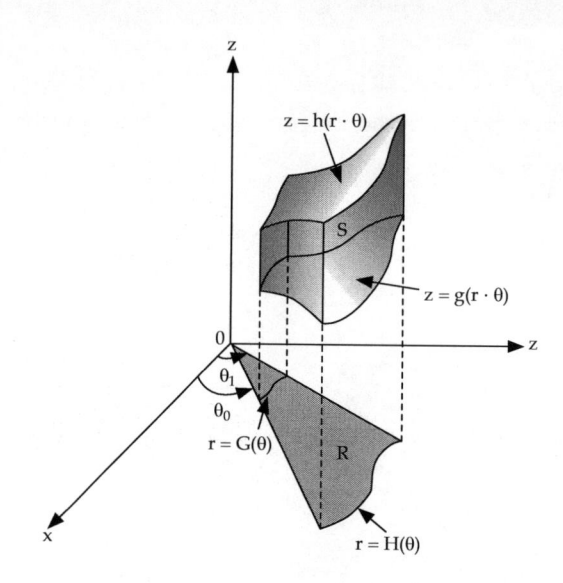

Fonte: Munem; Foulis, 1982, p. 982.

Temos:

$$\iiint_S f(x,y,z)dx\ dy\ dz = \int_{\theta_0}^{\theta_1}\int_{G(\theta)}^{H(\theta)}\int_{g(r,\theta)}^{h(r,\theta)} f(r\cos\theta,\ r\ \text{sen}\ \theta, z)r\ dz\ dr\ d\theta$$

Com o intuito de visualizar melhor como esse processo funciona, chamamos então de R a região xy constituída por todos os pontos cujas coordenadas polares (r, θ) satisfaçam as condições $\theta_0 \leq \theta \leq \theta_1$, $G(\theta) \leq r \leq H(\theta)$. Igualmente, sejam z = a(x, y) e z = b(x, y) equações das superfícies que delimitam a região do sólido S, superior e inferiormente, escritas em coordenadas cartesianas. Pelo processo de iteração, temos:

$$\iiint_S f(x,y,z)dx\ dy\ dz = \iint_R \left[\int_{z=a(x,y)}^{z=b(x,y)} f(x,y,z)dz\right] dx\ dy$$

Exemplo 10

Vamos escrever a integral $\int_0^2 \int_0^{\sqrt{4-x^2}} \int_0^6 \sqrt{x^2+y^2}dz\ dy\ dx$ com uma integral tripla iterada em coordenadas cilíndricas, e, em seguida, calcular a integral obtida.

A integral tripla iterada é equivalente à integral tripla $\iiint_S \sqrt{x^2+y^2}dx\ dy\ dz$, em que a região do sólido dado por S segue que $0 \leq x \leq 2$, $0 \leq x \leq \sqrt{4-x^2}$, $0 \leq z \leq 6$:

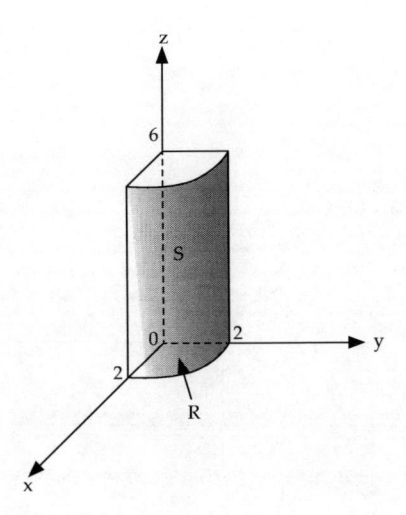

Fonte: Munem; Foulis, 1982, p. 983.

Como a região R é, então, limitada em $0 \le x \le 2$, $0 \le x \le \sqrt{4-x^2}$, sendo também a porção do disco circular $x^2 + y^2 \le 4$ no primeiro quadrante, logo a notação em coordenadas polares é dada por R: $0 \le x \le \frac{\pi}{2}$ e $0 \le r \le 2$. Portanto, para a conversão de uma integral tripla em coordenadas cilíndricas, temos:

$$\iiint_S f(x,y,z) dx\, dy\, dz = \int_0^{\frac{\pi}{2}} \int_0^2 \int_0^6 \sqrt{(r\cos\theta)^2 + (r\sen\theta)^2}\, r\, dz\, dr\, d\theta$$

$$= \int_0^{\frac{\pi}{2}} \int_0^2 \int_0^6 \sqrt{r^2}\, r\, dz\, dr\, d\theta = \int_0^{\frac{\pi}{2}} \int_0^2 \left(r^2 z \bigg|_0^6 \right) dr\, d\theta$$

$$= \int_0^{\frac{\pi}{2}} \int_0^2 6r^2\, dr\, d\theta = \int_0^{\frac{\pi}{2}} \left(2r^3 \bigg|_0^2 \right) d\theta$$

$$= \int_0^{\frac{\pi}{2}} 16\, d\theta = 16\theta \bigg|_0^{\frac{\pi}{2}} = 8\pi$$

Exemplo 11

Vamos calcular o volume de um cone circular reto cujo raio da base é a e cuja altura é h, utilizando coordenadas cilíndricas:

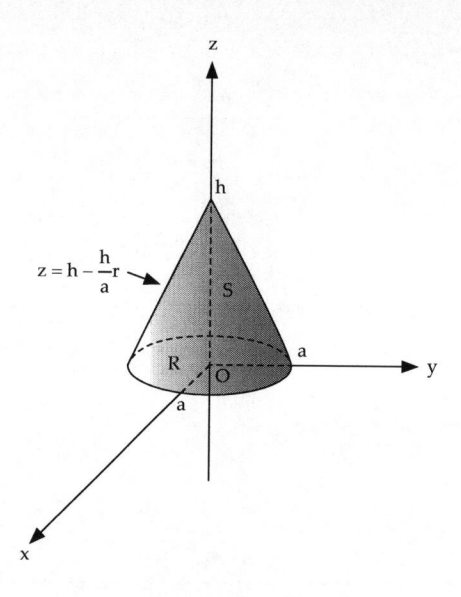

Fonte: Munem; Foulis, 1982, p. 984.

Temos a representação gráfica no formato de um cone cilíndrico, que chamamos de *sólido S*, e, ao colocar uma base R no plano xy e seu vértice no eixo z no ponto de coordenadas (0, 0, h), o seu volume é dado por:

$$V = \iiint_S dx\ dy\ dz$$

Sendo assim, a superfície que delimita superiormente S é formada pela rotação da reta do plano yz, cuja equação é $\left(\dfrac{y}{a}\right) + \left(\dfrac{z}{h}\right) = 1$ em torno do eixo z. Logo, a equação, em coordenadas cartesianas da superfície do limite superior, é $\dfrac{\pm\sqrt{x^2+y^2}}{a} + \dfrac{z}{h} = 1$, ou ainda podemos escrever $z = h \pm \dfrac{h}{a}\sqrt{x^2+y^2}$. Considerando que $z \leq h$ é a porção da superfície que delimita S, usamos o sinal negativo na equação dada anteriormente, logo:

$$z = h - \dfrac{h}{a}\sqrt{x^2+y^2}$$

Convertendo essa equação para coordenadas cilíndricas, usando $r = \sqrt{x^2+y^2}$, obtemos $z = h - \dfrac{h}{a}r$ para a equação da superfície superior de S. Como a base R do cone sólido S pode ser escrita em coordenadas polares por R definido em $0 \leq x \leq 2\pi$, $0 \leq r \leq a$, o volume é dado por:

$$V = \iiint_S dx\, dy\, dz = \int_0^{2\pi} \int_0^a \int_0^{h-(h/a)r} r\, dz\, dr\, d\theta = \int_0^{2\pi} \int_0^a \left(h - \frac{h}{a}r\right) r\, dr\, d\theta =$$

$$= \int_0^{2\pi} \left(\frac{ha^2}{2} - \frac{ha^3}{3a}\right) d\theta = 2\pi \left(\frac{ha^2}{2} - \frac{ha^2}{3}\right) = \frac{h}{3}\pi a^2 \text{ u.v.}$$

Na conversão para coordenadas esféricas, a integral tripla pode ser convertida por meio do seguinte processo: sejam $\theta_0, \theta_1, \varphi_0, \varphi_1, \rho_0$ e ρ_1 constantes, tais que $0 < \theta_1 - \theta_0 < 2\pi$ e $0 \leq \rho_0 \leq \rho_1$, suponha que o sólido S seja constituído por todos os pontos cujas coordenadas esféricas (ρ, θ, ϕ) satisfaçam as condições a seguir:

$$\rho_0 \leq \rho \leq \rho_1,\ \theta_0 \leq \theta \leq \theta_1,\ \phi_0 \leq \phi \leq \phi_1$$

Se f é uma função contínua definida por todos os pontos (x, y, z) do sólido S, então:

$$\iiint_R f(x,y,z) dx\, dy\, dz =$$

$$= \int_{\varphi_0}^{\varphi_1} \int_{\theta_0}^{\theta_1} \int_{\rho_0}^{\rho_1} f(\rho\, \text{sen}\, \phi\, \cos\theta, \rho\, \text{sen}\, \phi\, \text{sen}\, \theta, \rho\, \cos\phi) \rho^2 \text{sen}\, \phi\, d\rho\, d\theta\, d\phi$$

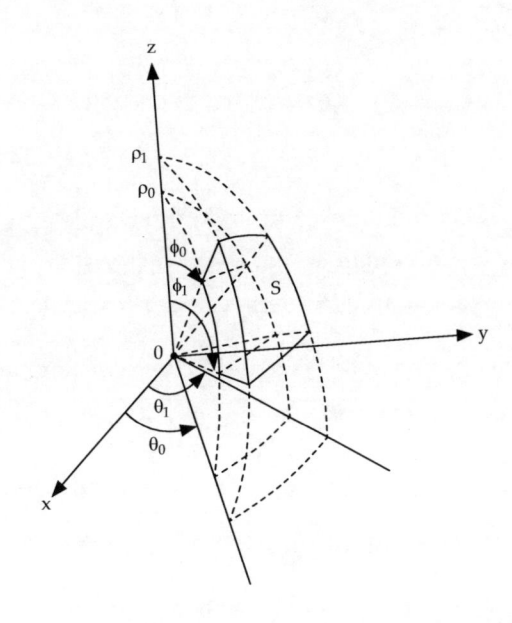

Fonte: Munem; Foulis, 1982, p. 986.

Continuando na representação gráfica, vamos ao gráfico a seguir, a fim de mostrar o processo com uma porção infinitesimal dV do volume V do sólido S do gráfico anterior, correspondendo a trocas infinitesimais de ρ, θ e ϕ para $d\rho$, $d\theta$ e $d\phi$, respectivamente.

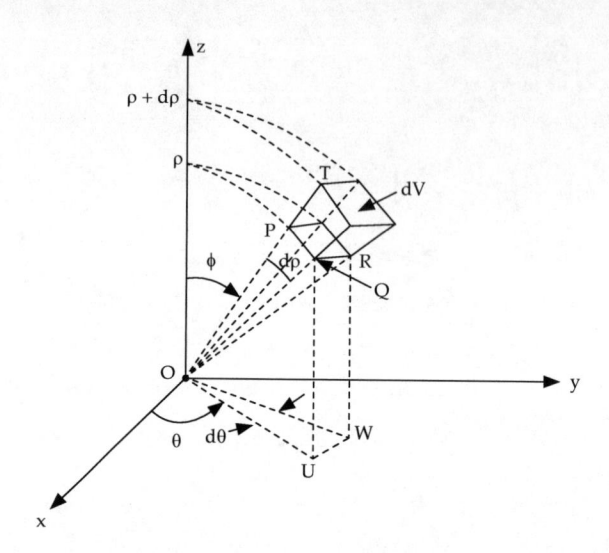

Fonte: Munem; Foulis, 1982, p. 986.

Logo, em coordenadas esféricas, escrevemos:

$P = (\rho, \theta, \phi)$

$Q = (\rho, \theta, \phi + d\phi)$

$R = (\rho, \theta + d\theta, \phi + d\phi)$

$T = (\rho + d\rho, \theta, \phi)$

Fica evidente que dV é virtualmente o volume de um paralelepípedo "infinitesimal" com dimensões $|\overline{PQ}|, |\overline{QR}|$, e $|\overline{PT}|$. Obviamente que $|\overline{PT}| = d\rho$. Visto que P e Q estão no círculo de raio $|\overline{OP}| = |\overline{OQ}| = \rho$, uma vez que o arco PQ subtende ser o ângulo dϕ, temos: $|\overline{PQ}| \approx \rho\ d\phi$.

Por dϕ ser infinitesimal, o ângulo UOQ é virtualmente o mesmo que $\left(\dfrac{\pi}{2}\right) - \phi$; logo, considerando o triângulo OUQ, temos: $|\overline{OU}| \approx |\overline{OQ}|\cos\left(\dfrac{\pi}{2} - \theta\right) = \rho\ \text{sen}\ \phi$.

Notamos que $|\overline{QR}| = |\overline{UW}|$ e que U e W pertencem ao círculo de raio $|\overline{OU}| \approx \rho\ \text{sen}\ \theta$. Logo, visto que o arco $|\overline{UW}|$ subentende o ângulo dϕ, temos:

$|\overline{QR}| = |\overline{UW}| \approx |\overline{OU}| d\theta \approx \rho\ \text{sen}\ \phi\ d\theta$, logo podemos escrever:

$dV = |\overline{PQ}||\overline{QR}||\overline{PT}| = (\rho\ d\phi)(\rho\ \text{sen}\ \phi\ d\theta)(d\rho) = \rho^2 \text{sen}\ \phi\ d\rho\ d\theta\ d\phi$.

Assim, como em coordenadas cartesianas o volume de um paralelepípedo infinitesimal de dimensões dx, dy e dz é dado por $dV = dx\ dy\ dz$, os infinitésimos correspondentes de volume, em coordenadas esféricas são dados por $dV = \rho^2 \text{sen}\,\phi\, d\rho\, d\theta\, d\phi$. Essas considerações podem fazer a fórmula de conversão para coordenadas esféricas parecer plausível.

Exercícios de fixação

4) Dada a figura:

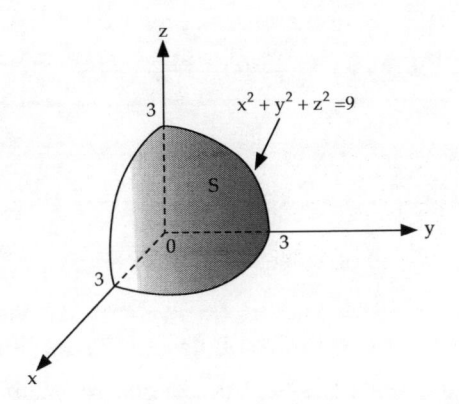

Fonte: Munem; Foulis, 1982, p. 987.

Expresse a integral tripla iterada $\int_0^3 \int_0^{\sqrt{9-x^2}} \int_0^{\sqrt{9-x^2-y^2}} (x^2 + y^2 + z^2)^3 dz\, dy\, dx$, como uma integral tripla iterada equivalente em coordenadas esféricas e calcule em seguida a integral obtida.

5) Utilizando coordenadas esféricas, calcule o volume da esfera de raio a.

6) Dada a figura que representa o volume V de um sólido S, no primeiro octante, limitado pela esfera $\rho = 4$, pelos planos coordenados, o cone $\phi = \dfrac{\pi}{6}$ e o cone $\phi = \dfrac{\pi}{3}$, calcule o volume.

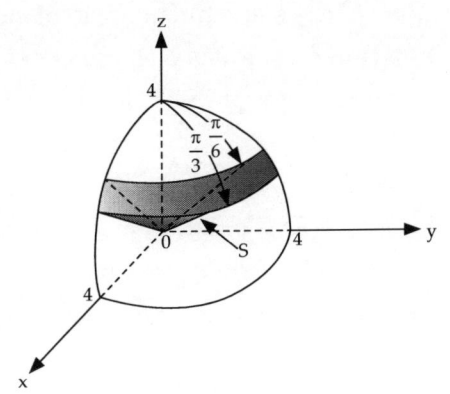

Fonte: Munem; Foulis, 1982, p. 988.

Síntese

Neste capítulo, abordamos o estudo da aplicação das integrais duplas e triplas explorando o cálculo de volumes, áreas, densidades, centro de massa, centroides e momento de inércia, nessa ordem, para facilitar o entendimento. À medida que o estudo foi sendo desenvolvido, foram inseridos conceitos, definições e teoremas que envolvem o uso dessas integrais. Além disso, abordamos alguns teoremas para conversão de coordenadas cartesianas em coordenadas polares e exploramos o estudo de elementos esféricos por meio de gráficos.

Atividades de autoavaliação

1) Assinale como verdadeiras (V) ou falsas (F) as sentenças:

( ) No estudo do cálculo de integrais duplas, foi possível mostrar situações-problema que envolvam a obtenção do volume sob uma determinada superfície. Da mesma forma, as aplicações das integrais duplas são possíveis em outras situações-problema que envolvam cálculo de volumes, áreas, densidades, centro de massa, centroides e momentos.

( ) Fazer o giro de uma região plana em torno de uma reta "t" pertencente ao plano xy resulta num sólido de revolução, o que nos leva a entender for que a reta "t" ao redor da região plana também é chamada de *eixo de revolução*. Usando a integral dupla, podemos expressar o volume V sob o gráfico de uma função f não negativa, que seja contínua sobre uma região R, e, assim, temos o volume representado pela expressão $V = \iint_R f(x,y) \cdot dx \cdot dy$.

( ) Consideremos uma quantidade tal como massa ou carga elétrica distribuída de um modo contínuo, uniforme ou não, sobre uma porção plano xy. A essa função de duas variáveis atribuímos uma letra grega σ (sigma) para representá-la como uma função de densidade para essas distribuições bidimensionais, porém não podem ser admissíveis para região R no plano xy.

( ) No estudo de Física, interpretamos densidade de um corpo ou de determinado material, seja líquido, sólido ou gasoso, como sendo a relação entre a massa e o volume por ele ocupado. É correto afirmarmos que a função (sigma) que representa a soma da quantidade de carga contida pode ser expressa pelo modelo matemático $\iint_R \sigma(x,y) \cdot dx \cdot dy$.

( ) No estudo da dinâmica dos corpos, definimos centro e massa como a concentração de massa num único ponto de um corpo ou de vários corpos.

Agora, assinale a alternativa que corresponda corretamente à sequência obtida:
a. F, V, V, F.
b. V, F, V, V.
c. F, F, F, V.
d. F, F, V, V.

2) No estudo sobre a dinâmica dos corpos, definimos *centro e massa* como a concentração de massa num único ponto de um corpo ou de vários corpos. Com base nessa breve definição, vamos supor que uma partícula P de massa m esteja situada no ponto (x, y) no plano de coordenadas xy. O produto massa m da partícula pela distância x do eixo y é chamado de *momento de P em relação ao eixo y*; da mesma forma, o produto da massa pela distância y em relação ao eixo x é chamado de *momento de P em relação ao eixo x*, como mostra a imagem:

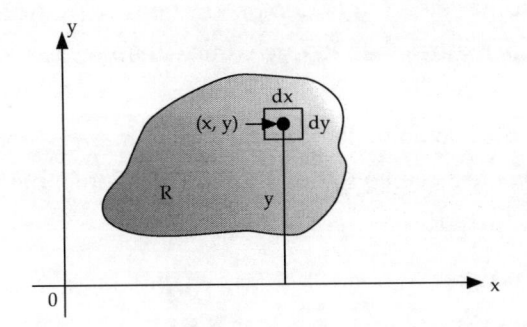

Fonte: Munem; Foulis, 1982, p. 955.

A partir do exposto acima, assinale com verdadeiro (V) ou falso (F) as sentenças a seguir:

( ) O resultado do somatório da integração de todos os momentos de infinitésimos representa o momento total de toda a massa da lâmina.

( ) Uma massa total m é continuamente distribuída sobre uma região plana admissível em R, sob a forma de uma película delgada de material, também chamada de lâmina, considerando a função σ de densidade para essa distribuição de massa.

( ) Considerando (x, y) um ponto na região R do gráfico, e o retângulo infinitesimal de dimensões dx e dy centrado em (x, y), analisamos que a massa contida nessa região do retângulo "infinitesimal" seja dada por dm = σ(x, y) · dx · dy, com uma distância em relação ao eixo das abscissas e tenha como valor y unidades. Logo, seu momento em relação ao eixo x é dado por (dm)y = σ(x, y) · y · dx · dy.

( ) O resultado do somatório da integração de todos os momentos de infinitésimos não representa o momento total de toda a massa da lâmina. Consequentemente, o momento M_x da lâmina em relação ao eixo das abscissas x é dado pela expressão
$$M_x = \iint_R \sigma(x, y) \cdot y \cdot dx \cdot dy.$$

Agora, assinale a alternativa que corresponda corretamente à sequência obtida:
a. V, V, V, V.
b. V, V, V, F.
c. V, F, F, F.
d. F, F, V, V.

3) Assinale com verdadeiro (V) ou falso (F) as sentenças a seguir:

( ) Definimos centroide como um centro de distribuição de massa homogênea numa determinada região R.

( ) Em um centroide, a região que apresenta uma distribuição de massa homogênea, em que a função de densidade é dada por σ, é sempre constante.

( ) Em um centroide, é correto afirmar que uma quantidade está distribuída uniformemente numa região R. Podemos, portanto, dizer que a quantidade de matéria em qualquer sub-região R, que vamos chamar de R_1, seja proporcional à área de R.

( ) Em um centroide, a densidade da distribuição de massa é dada por σ(x, y) = k, para todo (x, y) pertencente à região R, em que k é uma constante, então $(\overline{x}, \overline{y})$ representa as coordenadas do centroide.

Agora, assinale a alternativa que corresponda corretamente à sequência obtida:
a. V, F, F, F.
b. V, F, V, F.
c. V, F, V, V.
d. F, V, V, V.

4) No estudo da inércia, consideremos uma força $\vec{F}$ atua num ponto em um corpo rígido e seja $\overline{AB}$ um eixo não paralelo a $\vec{F}$ que não passa pelo ponto de aplicação P e O o ponto situado no pé da perpendicular traçada de P ao eixo $\overline{AB}$, como mostra a figura:

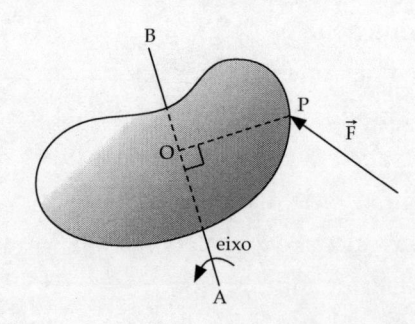

Fonte: Munem; Foulis, 1982, p. 959.

Funções de integração duplas e triplas 147

Com base no que foi exposto anteriormente, assinale com verdadeiro (V) ou falso (F) as sentenças a seguir:

( ) A força $\vec{F}$ tende a causar uma rotação no corpo em torno do eixo $\overline{AB}$; de fato isso produz uma aceleração angular α radianos por segundos ao quadrado, em torno desse eixo.

( ) Se denotamos por F_p o valor absoluto da componente escalar de $\vec{F}$ na direção perpendicular ao plano contendo $\overline{AB}$ e $\overline{OP}$, então a quantidade L definida por $L = F_p|\overline{OP}|$ é chamada de módulo do torque em torno do eixo $\overline{AB}$, causado pela aplicação da força $\vec{F}$ no ponto P.

( ) No estudo da mecânica elementar, é mostrado que o módulo do torque é proporcional à aceleração angular α, isto é, $L = I\overline{AB}\infty$, considerando-se este como o momento de inércia do corpo em relação ao eixo $\overline{AB}$, e que depende somente desse eixo e da distribuição de massa no corpo.

( ) A força $\vec{F}$ tende a causar uma rotação negativa no corpo em torno do eixo $\overline{AB}$; de fato, isso produz uma aceleração angular α radianos por segundos ao quadrado, em torno desse eixo. Se denotamos por F_p o valor absoluto da componente escalar de $\vec{F}$ na direção horizontal ao plano contendo $\overline{AB}$ e $\overline{OP}$, então a quantidade L definida por $L = F_p|\overline{OP}|$ é chamada de momento do torque em torno do eixo $\overline{AB}$, causado pela desaceleração da força $\vec{F}$ no ponto P.

Agora, assinale a alternativa que corresponda corretamente à sequência obtida:

a. V, F, F, F.
b. V, F, V, F.
c. V, F, V, V.
d. V, V, V, F.

5) Assinale com verdadeiro (V) ou falso (F) as sentenças a seguir:

( ) No estudo a respeito de uma região R em que se aplicam as integrais duplas, estas são facilmente escritas em coordenadas polares e entendidas com maior clareza do que quando representadas em coordenadas cartesianas.

( ) No estudo a respeito de uma região R em que se aplicam as integrais duplas, estas são facilmente escritas em coordenadas helicoidais e entendidas com maior clareza do que desprezando-se sua representação em coordenadas cartesianas.

( ) No estudo a respeito de uma região R, torna-se indiferente a aplicação das integrais duplas, pois estas são facilmente escritas em coordenadas polares, não inviabilizando o cálculo.

( ) No estudo a respeito de uma região R em que não se aplicam as integrais duplas, as coordenadas polares podem ser entendidas com maior clareza do que quando representadas em coordenadas cartesianas.

Agora, assinale a alternativa que corresponda corretamente à sequência obtida:
a. V, V, F, F.
b. V, F, V, F.
c. V, F, F, F.
d. V, V, V, F.

Atividades de aprendizagem
Questões para reflexão

1) O saber fazer matemático no cotidiano nos remete a uma análise profunda e cuidadosa sobre distintas maneiras de fazer e de saber, algumas que privilegiam comparar, classificar, quantificar, medir, explicar, generalizar, inferir e, de algum modo, avaliar. O cotidiano está impregnado dos saberes e fazeres próprios da cultura, ou seja, a todo instante os indivíduos estão comparando, classificando, generalizando, inferindo e, de algum modo, avaliando, usando os instrumentos materiais e intelectuais que são próprios à sua cultura. Sendo assim, faça uma reflexão sobre em que aspectos o estudo das integrais pode contribuir para a emancipação e o desenvolvimento do homem moderno.

2) A matemática, como conhecimento em geral, é resposta às pulsões de sobrevivência e de transcendência que sintetizam a questão existencial da espécie humana, que busca cria teorias e práticas para resolver a essa questão existencial. Tais teorias e práticas são as bases de elaboração de conhecimento e de decisões de comportamento, fundamentadas em representações da realidade. Será possível, portanto, a aplicação das integrais em diversos setores da sociedade indistintamente?

Atividades aplicadas: prática

1) Pesquise em quais possíveis áreas do conhecimento científico podem ser aplicadas as integrais duplas e triplas estudadas neste capítulo. Em seguida, elabore uma tabela contendo, no mínimo, quatro áreas do conhecimento encontradas na pesquisa, relacionando a elas cada uma das integrais sugeridas neste capítulo, podendo haver mais de uma por área.

Exemplo de tabela:

Área do conhecimento científico	Atividade da área em que as integrais são utilizadas	Tipos de integrais envolvidas

No estudo e nas pesquisas que envolvem fenômenos reais diversos nos quais se fazem presentes conceitos e modelos matemáticos, é pertinente o uso de teoremas que possibilitam o avanço nas pesquisas, uma vez que estes teoremas já estão validados no decorrer de muitas outras pesquisas e estudos. Neste capítulo, o objetivo é mostrar de que modo os teoremas podem ser aplicados de forma análoga nas diversas situações de fenômenos reais encontrados em pesquisas bibliográficas ou de campo. O uso desses teoremas objetiva ainda uma aceleração no processo de uma pesquisa, haja vista que alguns conceitos prévios evitam a perda de tempo no estudo de conceitos já elaborados e validados. Com isso, este capítulo tem como objetivo mostrar que, mesmo quando não conseguimos visualizar a matemática formalizada, podemos encontrar uma matemática cuja veracidade pode ser comprovada por meio da aplicação de teoremas, os quais destacamos no decorrer deste capítulo. Entendemos, portanto, que não existe, entre os teoremas, o melhor, mas que alguns deles podem ter maior ocorrência quando tratamos do estudo e da pesquisa em fenômenos naturais.

6

Integração de funções vetoriais

6.1 Funções vetoriais

Tomamos, inicialmente, a definição de um *vetor*, sendo este um segmento orientado, que é, em linguagem corriqueira, uma **seta**. Cada vetor tem uma origem, que também é chamada de *ponto inicial*, e uma extremidade, chamada de *ponto terminal*. Além disso, os vetores apresentam uma orientação, na direção que se estende do seu ponto inicial ao ponto final. Quando a inversão dessa orientação ocorre, obtemos, então, um vetor com direção contrária.

Considerando uma função vetorial $\bar{F}$ de um escalar t, temos:

$\bar{F}(t) = u(t)\bar{i} + v(t)\bar{i} + w(t)\bar{k}$, em que

Observe que u, v e w são os três componentes escalares. Além disso, dizemos que a função $\bar{F}$ é diferenciável se, e somente se, os componentes *u*, *v* e *w* sejam diferenciáveis, então:

$\bar{F}(t) = u(t)\bar{i} + v(t)\bar{i} + w(t)\bar{k}$ e assim sucessivamente.

Para duas funções vetoriais, temos:

- se $\lim_{t \to c} \bar{F}(t)$ e $\lim_{t \to c} \bar{G}(t)$ existem, temos que $\lim_{t \to c} [\bar{F}(t) \cdot \bar{G}(t)]$ existe e
$\lim_{t \to c} [\bar{F}(t) \cdot \bar{G}(t)] = \left[\lim_{t \to c} \bar{F}(t)\right] \times \left[\lim_{t \to c} \bar{G}(t)\right]$;
- se $\bar{F}$ e $\bar{G}$ são contínuas, também é contínua a função $\bar{H}$ definida por $\bar{H}(t) = \bar{F}(t) \cdot \bar{G}(t)$;
- se $\bar{F}$ e $\bar{G}$ são diferenciáveis e $\bar{H}$ é definida por $\bar{H}(t) = \bar{F}(t) \cdot \bar{G}(t)$, então $\bar{H}$ é diferenciável, portanto:

$\bar{H}'(t) = \bar{F}'(t) \cdot \bar{G}(t) + \bar{F}(t) \cdot \bar{G}'(t)$

Usando a equação da derivada do produto vetorial, pela notação de *Leibniz*[1], temos:

$$\frac{d}{dt} = (\overline{F} \cdot \overline{G}) = \frac{d\overline{F}}{dt} \cdot \overline{G} + \overline{F} \cdot \frac{d\overline{G}}{dt}$$

Exemplo 1

Vamos encontrar uma fórmula para a derivada do produto entre as funções vetoriais $\overline{F}$, $\overline{G}$ e $\overline{H}$. Desenvolvendo o cálculo, temos:

$$\frac{d}{dt}[\overline{F} \cdot \overline{G}] \cdot \overline{H} = \left[\frac{d}{dt}(\overline{F} \cdot \overline{G})\right] \cdot \overline{H} + (\overline{F} \cdot \overline{G}) \cdot \frac{d\overline{H}}{dt} =$$

$$= \left[\frac{d\overline{F}}{dt} \cdot \overline{G} + \overline{F} \cdot \frac{d\overline{G}}{dt}\right] \cdot \overline{H} + (\overline{F} \cdot \overline{G}) \cdot \frac{d\overline{H}}{dt} =$$

$$= \left(\frac{d\overline{F}}{dt} \cdot \overline{G}\right) \cdot \overline{H} + \left(\overline{F} \cdot \frac{d\overline{G}}{dt}\right) \cdot \overline{H} + (\overline{F} \cdot \overline{G}) \cdot \frac{d\overline{H}}{dt}$$

Exercícios de fixação

1) Dado $\overline{F}(t) = 5t^2\overline{i} + (3t+1)\overline{j} + (3-t^2)\overline{k}$, com $t_0 = 1$:

   a. Ache o $\lim\limits_{t \to t_0} \overline{F}(t)$.

   b. Determine onde $\overline{F}$ é contínua.

   c. Ache $F'(t_0)$.

   d. Ache $F''(t_0)$ em cada item.

2) Dado $\overline{F}(t) = (\cos 2t)\overline{i} + (\text{sen} 2t)\overline{j} + t^3\overline{k}$, com $t_0 = \frac{\pi}{4}$:

   a. Ache o $\lim\limits_{t \to t_0} \overline{F}(t)$.

   b. Determine onde $\overline{F}$ é contínua.

   c. Ache $F'(t_0)$.

   d. Ache $F''(t_0)$ em cada item.

---

1 O matemático Gottfried Wilhelm Leibniz criou algumas notações que são utilizadas até hoje nos cálculos das ciências exatas, tais como o ponto de multiplicação, a notação para diferenciais em *x* e *y*, a notação para a integral de *ydx*, as notações *é semelhante a* e *é congruente a*. Considerado um dos últimos sábios, Leibniz foi o primeiro a empregar as expressões *função*, *cálculo diferencial* e *cálculo integral*.

A notação de Leibniz é bastante simples, basta aplicar o símbolo $\frac{d}{dx}$ na função. Chamaremos esse símbolo de *operador diferencial*, o qual é uma instrução para diferenciar funções. Faremos o procedimento de aplicar o operador na função mais adiante.

6.2 Integrais de linha

Consideremos o conhecimento sobre integrais duplas para regiões bidimensionais R e integrais triplas para sólidos tridimensionais S. Costumeiramente, referimo-nos a uma curva sobre a qual uma integral é aplicada, como uma linha (não necessariamente uma reta), e chamamos essa integral aplicada à curva de *integral de linha*. No estudo das integrais de linha, estas são definidas por meio de limites das somas de Riemann, de modo similar à definição dada para a integral definida.

Definição I

Seja C uma curva no plano orientado xy com equações paramétricas

$$C: \begin{cases} x = f(t) \\ y = g(t) \end{cases} \quad a \le t \le b$$

Considerando que f e g apresentam derivada da primeira contínua e supondo que P e Q são funções contínuas de duas variáveis, cujos domínios contêm a curva C, então a integral de linha $\int_C P(x,y)dx + Q(x,y)dy$ é definida por:

$$\int_C P(x,y)dx + Q(x,y)dy = \int_a^b \left[P(f(t),g(t))f'(t)dt + Q(f(t),g(t))g'(t)dt \right]$$

Logo, para calcular a integral de linha $\int_C P(x,y)dx + Q(x,y)dy$ fazemos as substituições $x = f(t), dx = f'(t)dt, y = g(t)$ e $dy = g'(t)dt$. Integrando, temos **t = a** até **t = b.**

Exemplo 2

Vamos calcular a integral da linha $\int_C (x^2 + 3y)dx + (y^2 + 2x)dy$, considerando-se os seguintes parâmetros:

$$C: \begin{cases} x = t \\ y = t^2 + 1 \end{cases} \quad 0 \le t \le 1$$

Fazendo as substituições $x = t$, $dx = dt$, $y = t^2 + 1$ e $dy = 2t\, dt$, temos:

$$\int_C (x^2 + 3y)dx + (y^2 + 2x)dy = \int_0^1 \left[t^2 + 3(t^2+1) \right] dt + \left[(t^2+1)^2 + 2t \right] 2t\, dt =$$

$$= \int_0^1 \left[(4t^2 + 3) + (t^4 + 2t^2 + 2t + 1)(2t) \right] dt =$$

$$= \int_0^1 \left(2t^5 + 4t^3 + 8t^2 + 2t + 3 \right) dt =$$

$$= \left(\frac{t^6}{3} + t^4 + \frac{8}{3}t^3 + t^2 + 3t \right) \Big|_0^1 = 8$$

Exemplo 3

Vamos calcular a integral de linha dada.

$$\int_C (x+y)dx + (y-x)dy \text{ e C é o segmento de reta dados os pontos (1, 1) a (4, 2).}$$

Obtemos, portanto, as seguintes equações paramétricas escalares:

$$C: \begin{cases} x = 1 + 3t \\ y = 1 + t \end{cases} \quad 0 \leq t \leq 1$$

Para o segmento de reta, temos que o par (x, y) = (1, 1), quando t = 0 e (x, y) = (4, 2), quando t = 1. Considerando (1, 1) o ponto inicial e (4, 2) o ponto terminal da curva C e substituindo x = 1 + 3t, dx = 3, y = 1 + t e dy = dt, temos:

$$\int_C (x+y)dx + (y-x)dy =$$

$$= \int_0^1 \left[(1+3t) + (1+t)\right] 3\, dt + \left[(1+t) - (1+3t)\right] dt =$$

$$= \int_0^1 (10t + 6)dt =$$

$$= (5t^2 + 6t)\Big|_0^1 = 11$$

Exemplo 4

Vamos calcular a integral de linha $\int_C (x+2y)dy$, para uma curva C parabólica. $x = y^2$ nos pontos (1, –1) a (9, –3). A integral de linha tem a forma $\int_C P(x,y)dx + Q(x,y)dy$, com P(x, y) = 0 e Q(x, y) = x + 2y. O arco parabólico é descrito pelos parâmetros:

$$C: \begin{cases} x = t^2 \\ y = -t \end{cases} \quad 1 \leq t \leq 3$$

Assim, como t varia de 1 a 3, (x, y) varia (1, –1) e (9, –3). Fazendo as substituições, $x = t^2$, $y = -t$ e $dy = -dt$, temos:

$$\int_C (x+2y)dy = \int_1^3 (t^2 - 2t)(-dt) = \int_1^3 (2t - t^2)dt = \left(t^2 - \frac{t^3}{3}\right)\Big|_1^3 = -\frac{2}{3}$$

Supondo que C é a curva definida pelas equações paramétricas escalares:

$$C: \begin{cases} x = f(t) \\ y = g(t) \\ z = h(t) \end{cases} \quad a \leq t \leq b, \text{ a considerar que f, g e h apresentam a derivada da primeira contínua.}$$

Logo, se M, N e P são funções contínuas de três variáveis, cujos domínios contêm a curva C, a integral de linha será escrita:

$\int_C M(x,y,z)dx + N(x,y,z)dy + P(x,y,z)dz$, e será calculada fazendo-se substituições $x = f(t)$, $dx = f'(t)dt$, $y = g(t)$, $dy = g'(t)dt$, $z = h(t)$ e $dz = h'(t)dt$, e então integrando de a e b.

Exercícios de fixação

3) Calcule $\int_C yz\, dx + xz\, dy + xy\, dz$, dadas as equações paramétricas:

$C: \begin{cases} x = t \\ y = t^2 \\ z = t^3 \end{cases} \quad -1 \leq t \leq 1$

6.2.1 Integrais de linha – propriedades

Se C é uma curva formada pela união de curvas sucessivas $C_1, C_2, C_3, ..., C_n$ e $C = C_1, C_2, C_3, ..., C_n$, podemos demonstrar que:

$$\int_C \overline{F} \cdot d\overline{R} = \int_{C_1} \overline{F} \cdot d\overline{R} + \int_{C_2} \overline{F} \cdot d\overline{R} + ... + \int_{C_n} \overline{F} \cdot d\overline{R}$$

Exemplo 5

Sejam os pontos A(1, 0) e B(1, 1), vamos calcular a integral de linha $\int_C (x^2 - y)dx + (x + y^2)dy$. Se $C = \overline{OA} + \overline{AB} + \overline{BO}$, isso quer dizer que C é o perímetro do triângulo OAB na direção anti-horário, como está a seguir no gráfico:

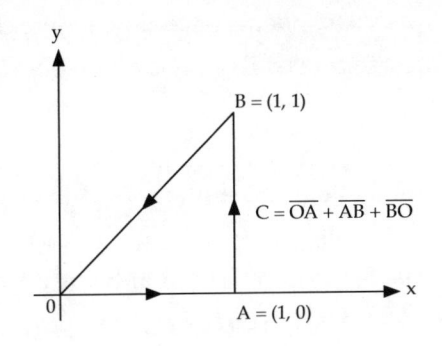

Fonte: Munem; Foulis, 1982, p. 1003.

Como solução, temos os segmentos $\overline{OA}$, $\overline{AB}$ e $\overline{BO}$ dados parametricamente por:

$\overline{OA}:\begin{cases}x=t\\y=0\end{cases}$ $\overline{AB}:\begin{cases}x=1\\y=t\end{cases}$ $\overline{BO}:\begin{cases}x=1-t\\y=1-t\end{cases}$, em que $0 \le t \le 1$ em cada caso, logo:

$$\int_{\overline{OA}} (x^2-y)\,dx + (x+y^2)\,dy = \int_0^1 (t^2-0)\,dt + (t+0)(0)\,dt = \int_0^1 t^2\,dt = \left.\frac{t^3}{3}\right|_0^1 = \frac{1}{3},$$

$$\int_{\overline{AB}} (x^2-y)\,dx + (x+y^2)\,dy = \int_0^1 (1-t)(0)\,dt + (1+t^2)\,dt = \int_0^1 (1+t^2)\,dt = \left.\left(t+\frac{t^3}{3}\right)\right|_0^1 = \frac{4}{3},$$

$$\int_{\overline{BO}} (x^2-y)\,dx + (x+y^2)\,dy = \int_0^1 \left[(1-t)^2 - (1-t)\right](-dt) + \left[(1-t)+(1-t)^2\right](-dt) =$$

$$= \int_0^1 (-2t^2 + 4t - 2)\,dt = \left.\left(-2\frac{t^3}{3} + 2t^2 - 2t\right)\right|_0^1 = -\frac{2}{3}$$

Logo,

$$\int_C (x^2-y)\,dx + (x+y^2)\,dy = \frac{1}{3} + \frac{4}{3} - \frac{2}{3} = 1$$

Uma troca na direção da curva sobre a qual a integral de linha é aplicada resulta em uma troca no sinal algébrico da integral, isto é:

$$\int_C \overline{F} \cdot d\overline{R} = -\int_C \overline{F} \cdot d\overline{R}$$

6.3 Estudo de teoremas importantes

Neste tópico, vamos abordar alguns teoremas que julgamos relevantes para o estudo das funções vetoriais. Cada um deles em específico podem ser analogamente compreendido como um complemento de um e outro, como ocorre com os Teoremas de Green, Gauss e Stoke particularmente.

6.3.1 Teorema de Green

O Teorema de Green relaciona uma integral de linha sobre uma curva fechada num plano com uma integral dupla sobre a região compreendida no interior dessa curva.

Esse teorema nos diz que: considerando-se C uma linha uniforme, simples, que define uma curva fechada no plano de coordenadas xy, supõe-se que a curva C determina o limite de uma região bidimensional R, considerando que C é orientado, sobre R, no sentido anti-horário:

Integração de funções vetoriais 157

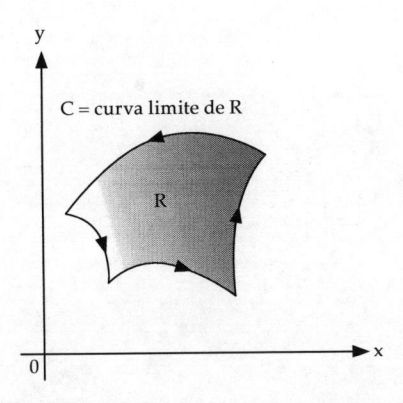

Fonte: Munem; Foulis, 1982, p. 1.004.

Supondo que P e Q são funções contínuas de duas variáveis, tendo derivadas parciais contínuas $\frac{\partial Q}{\partial x}$ e $\frac{\partial P}{\partial y}$ em R e C, então:

$$\int_C P(x,y)\,dx + Q(x,y)\,dy = \iint_R \left(\frac{\partial Q}{\partial x} - \frac{\partial P}{\partial y}\right) dx \cdot dy$$

Exemplo 6

No cálculo da integral de linha, em que $\int_C (x^2 - y)\,dx + (x + y^2)\,dy$ está sobre a curva de perímetro limítrofe ao triângulo OAB, considerando-a no sentido anti-horário, em que A(1,0) e B(1,1), temos

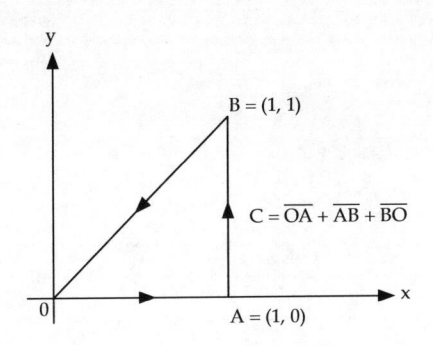

Fonte: Munem; Foulis, 1982, p. 1003.

No desenvolvimento do cálculo, temos que $P(x,y) = x^2 - y$, $Q(x,y) = x + y^2$ com R representando a região limítrofe do triângulo OAB, a considerar que: $\frac{\partial Q}{\partial x} = \frac{\partial}{\partial x}(x+y)^2 = 1$ e $\frac{\partial P}{\partial y} = \frac{\partial}{\partial y}(x^2 - y) = 1$.

Pelo Teorema de Green:

$$\int_C (x^2-y)\,dx+(x+y^2)\,dy=\iint_R\left(\frac{\partial Q}{\partial x}-\frac{\partial P}{\partial y}\right)dx\cdot dy=\iint_R[1-(-1)]\,dx\cdot dy=$$

$$\iint_R 2\,dx\,dy=2\iint_R dx\,dy=2\left(\frac{1}{2}\right)=1$$

Exemplo 7

Vamos aplicar o Teorema de Green, calculando a integral de linha $\int_C (x+3y)dx+(2y-x)dy$, em que C possui equação $x^2+y^2=9$, com orientação anti-horária. Calculando, a região R interior a C é um disco circular de raio 3 e área $\iint_R dx\,dy=\pi 3^2=9\pi$ u.a. Logo,

$$\int_C (x+3y)\,dx+(2y-x)\,dy=\iint_R\left[\frac{\partial}{\partial x}(2y-x)-\frac{\partial}{\partial y}(y+3x)\right]dx\,dy=$$

$$=\iint_R[(-1)-1]\,dx\,dy=-2\iint_R dx\,dy=-2(9\pi)=-18\pi$$

Exemplo 8

No gráfico abaixo, a região R está limitada por três curvas, cujas equações polares são $\theta=\frac{\pi}{4}$, $r=2$ e $\theta=\frac{3\pi}{4}$, e seja C a linha delimitadora R, tomada no sentido anti-horário: $\int_C xy\,dx+x^2 dy$.

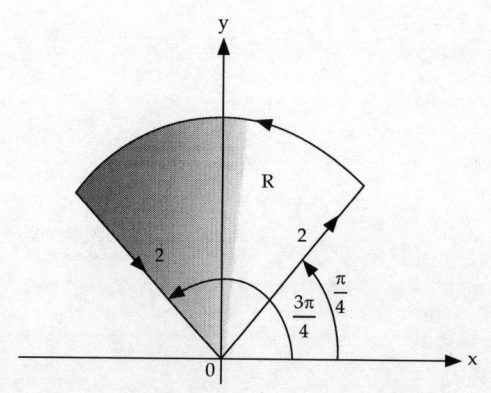

Fonte: Munem; Foulis, 1982, p. 1.006.

Usando o Teorema de Green em coordenadas polares para calcular a integral dupla resultante, temos:

$$\int_C xy\ dy + x^2 dy = \iint_R \left[\frac{\partial}{\partial x}(x^2) - \frac{\partial}{\partial y}(xy)\right] dx\ dy = \iint_R (2x - x) dx\ dy =$$

$$= \iint_R x\ dx\ dy = \int_{\frac{\pi}{4}}^{\frac{3\pi}{4}} \int_0^2 (r\ \cos\ \theta) r\ dr\ d\theta =$$

$$= \int_{\frac{\pi}{4}}^{\frac{3\pi}{4}} \left[\frac{r^3}{3} \cos\ \theta\ \Big|_0^2\right] d\theta = \int_{\frac{\pi}{4}}^{\frac{3\pi}{4}} \frac{8}{3} \cos\ \theta\ d\theta =$$

$$= \frac{8}{3} \sen\theta \Big|_{\frac{\pi}{4}}^{\frac{3\pi}{4}} = \frac{8}{3}\left(\sen\frac{3\pi}{4} - \sen\frac{\pi}{4}\right) = 0$$

Exercícios de fixação

4) Considerando que C seja a curva fechada no sentido anti-horário, obtenha por meio do Teorema de Green o resultado para a integral de linha $\int_C (x^2 - xy^3)\ dx + (y^2 - 2xy)\ dy$, considerando C um quadrado de vértices (0,0), (3,0), (3,3) e (0,3).

5) Considerando que C seja a curva fechada no sentido anti-horário, obtenha, por meio do Teorema de Green, o resultado para integral de linha, $\int_C y\ dx + x^3 \sqrt{4 - y^2}\ dy$, considerando que C seja um círculo, cuja equação é dada por $x^2 + y^2 = 4$.

6.3.2 Teorema da Função Inversa

Para abordar o Teorema da Função Inversa, começamos com algumas definições:

> **Definição II**
> Uma função f definida em U, em que f: U → E, no espaço aberto U ⊂ E e $x_0 \in$ U, consideramos que esta função é diferenciável na abscissa x_0 e existe uma aplicação linear em que $fD(x_0) \in L(E, F)$, de tal maneira que para todo h ∈ E tal que $x_0 + h \in$ U tem-se: $f(x_0 + h) - f(x_0) - Df(x_0)h + r(h)$, com $\lim_{h \to 0} \frac{r(h)}{\|h\|} = 0$. Logo, a função está definida num espaço aberto que contém a origem de E, o que pela expressão $r(h) = f(x_0 + h) - f(x_0) - Df(x_0)h$ podemos dizer que f é diferenciável no espaço U se esta função for diferenciável também para todo $x_0 \in$ U.

Exemplo 9

Considerando a função f, em que $f : R \to R$, definida por $f(x) = x \cdot \text{sen}\left(\dfrac{1}{x}\right)$ quando $x \neq 0$, $f(0) = 0$, dizemos que é contínua e possui derivada no ponto. Entretanto, no ponto 0, temos

$$\dfrac{f(0+h) - f(0)}{h} = \dfrac{h \cdot \text{sen}\left(\dfrac{1}{h}\right)}{h} = \text{sen}\left(\dfrac{1}{h}\right),$$

e como não ocorre a existência do limite quando h tende a zero, ou seja, $\lim\limits_{h \to 0} \text{sen}\left(\dfrac{1}{h}\right)$, dizemos que f não é diferenciável no ponto $x = 0$.

> **Definição III**
>
> Dizemos que uma função f, em que $f : U \subset E \to F$, é diferenciável de classe C^1 se a aplicação do espaço $U \in x \to Df(x) \in L(E, F)$ for contínua. No estudo do Teorema da Função Inversa, considera-se E e F espaços de Banach, $U \subset E$, e $g : U \to F$ sendo uma função de classe C de maneira tal que num ponto $x_0 \in U$, a aplicação linear $g'(x_0)$ é considerada um homomorfismo[2] de E sobre F. Com isso, podemos afirmar que há um espaço aberto em A contendo x_0 e tal que g_A é uma aplicação biunívoca e continuamente diferenciável que leva A sobre um espaço aberto $g(A)$ e $(g_A)^{-1}$ também continuamente diferenciável.

Exemplo 10

Na função f em que $f : R^2 \to R^2$ está definida por $f(x, y) = (e^x \cos y, e^x \text{sen } y)$, entendemos que f é localmente invertível, dado um ponto qualquer $x_0 \in R^2$ e existeuma vizinhança V com $x_0 \in V$ na qual f é invertível.

Verificamos na aplicação do Teorema da Função Inversa que o método de Jacobi[3] auxilia na resolução de um sistema linear de equações, e que neste caso temos que para f nunca se anula, vejamos:

$$Jf(x, y) = \begin{vmatrix} e^x \cos y & -e^x \text{sen } y \\ e^x \text{sen } y & e^x \cos y \end{vmatrix} = e^{2x} \neq 0$$

Com base nesse método, para cada $(w, z) \in R^2$, resolvemos para x e y o sistema não linear de equações:

$e^x \cos y = w$

$e^x \text{sen } y = z$

---

[2] As funções consideradas naturais entre duas estruturas algébricas do mesmo tipo, como os anéis, são aquelas que preservam as operações, ou seja, transformam uma soma de elementos no anel domínio na soma de suas imagens e transformam, também, um produto de elementos no anel domínio no produto de suas imagens. Essas funções são chamadas de homomorfismos.

[3] O método de Jacobi é um algoritmo utilizado para resolver sistemas de equações lineares. O algoritmo significa o passo a passo do procedimento.

Exemplo 11

Na função em que $f : R^2 \to R^2$ está definida por $f(x, y, z) = (y^2 + z^2, x^2 + z^2, x^2 + y^2)$, buscamos determinar todos os pontos para os quais o Teorema da Função Inversa vai garantir a existência de uma inversa num específico local para f.

Aplicando o método de Jacobi para o cálculo da matriz, temos:

$$Jf(x,y,z) = \begin{vmatrix} 0 & 2y & 2z \\ 2x & 0 & 2z \\ 2x & 2y & 0 \end{vmatrix} = 16xyz$$

Dessa forma, o Teorema da Função Inversa garante a inversa do espaço local na vizinhança de todos os pontos que não pertencem aos eixos ordenados.

Exemplo 12

Neste exemplo, vamos considerar a seguinte função:

$$f(x) = \begin{cases} \dfrac{x}{2} + x^2 \operatorname{sen}\left(\dfrac{1}{x}\right), \text{ se } x \neq 0 \\ 0, \text{ se } x = 0 \end{cases}$$

Sendo f diferenciável, a sua derivada é:

$$f'(x) = \begin{cases} \dfrac{1}{2} + 2x \operatorname{sen}\left(\dfrac{1}{x}\right) - \cos\left(\dfrac{1}{x}\right), \text{ se } x \neq 0 \\ \dfrac{1}{2}, \text{ se } x = 0 \end{cases}$$

Na possibilidade de a função f ser invertível num local da vizinhança de $x_0 = 0$, f é classificada como uma função injetora nesse espaço local da vizinhança. Como $f'(0) = \dfrac{1}{2} > 0$, então a função f é dita crescente, entretanto isso não ocorre pela impossibilidade, pois em toda vizinhança de x_0 a função apresenta mudança de sinal.

Exemplo 13

Nesse exemplo, vamos à análise da função f definida por:

$$f\begin{pmatrix} x \\ y \end{pmatrix} = \begin{pmatrix} x^3 - 2xy^2 \\ x + y \end{pmatrix}, \begin{cases} -\infty < x < +\infty \\ -\infty < y < +\infty \end{cases}, \text{ no ponto } x_0 = \begin{pmatrix} 1 \\ -1 \end{pmatrix}$$

Pelo método de Jacobi aplicado à matriz, temos:

$$Jf\begin{pmatrix} x \\ y \end{pmatrix} = \begin{vmatrix} 3x^2 - 2y^2 & -4xy \\ 1 & 1 \end{vmatrix} = 3x^2 - 2y^2 + 4xy \to Jf\begin{pmatrix} 1 \\ -1 \end{pmatrix} = -3 \neq 0$$

Como a função f é dita diferenciável, podemos assim concluir pela aplicação do Teorema da Função Inversa que em um conjunto contendo x_0 a função f apresenta uma inversa f^{-1}.

6.3.3 Teorema da Função Implícita

Seja $f : R^k \times R^k \to R^m$ uma função de classe C^1, suponha $f(x_0, y_0) = 0$ e $\det\left[\frac{\partial f}{\partial y}(x_0, y_0)\right] \neq 0$, então:

- existe uma vizinhança aberta Ω de $x_0 \in R^k$ e uma função $\phi : \Omega \to R^m$ de classe C^1, tal que $y_0 = \varphi(x_0)$ e $f(x, \varphi(x)) = 0$ para todo $x \in \Omega$;
- existe um aberto U contendo (x_0, y_0) em $R^k \times R^m$, tal que o par $(x, y) \in U$ verifica $f(x, y) = 0$.

Demonstrando o Teorema e supondo que $x_0 = 0$ e $y_0 = 0$, seja $g : R^k \times R^m \to R^k \times R^m$ e a função definida por $g(x, y) = (x, f(x, y))$, então g é de classe C^1 e a matriz jacobiana de g em $zx_0 = (x_0, y_0) = (0,0)$ é:

$$[g'(0,0)] = \begin{bmatrix} I_k & 0 \\ \left[\frac{\partial f}{\partial x}(0,0)\right] & \left[\frac{\partial f}{\partial y}(0,0)\right] \end{bmatrix}, \text{ substituindo}$$

$$\begin{array}{ll} f : R^k \times R^m \to R^m & g : R^k \times R^m \to R^k \times R^m \\ (x, y) \to f(x, y) = y & (x, y) \to g(x, y) = (x, f(x, y)) \end{array}$$

em que $x = (x_1, x_2, ..., x_k)$ e $y = (y_1, y_2, ..., y_m)$, assim $(x, y) = (x_1, x_2, ..., x_k, y_1, y_2, ..., y_m)$, aplicando em g obtemos:

$$g(x, y) = (g_1(x, y), ..., g_k(x, y), g_{k+1}(x, y) ... g_{k+m}(x, y)) =$$
$$= (x_1, ..., x_k, f_1(x, y), ..., f_m(x, y))$$

em que $g_1(x, y) = x_1, ..., g_k(x, y) = x_k, g_{k+1}(x, y) = f_1(x, y), ..., g_{k+m}(x, y) = f_m(x, y)$, derivando g em relação a $z_0 = (x_0, y_0) = (0,0)$, temos:

$$\begin{bmatrix} \frac{\partial g_1}{\partial x_1}(0,0) & \frac{\partial g_1}{\partial x_2}(0,0) & \cdots & \frac{\partial g_1}{\partial x_k}(0,0) & \frac{\partial g_1}{\partial y_1}(0,0) & \cdots & \frac{\partial g_1}{\partial y_m}(0,0) \\ \frac{\partial g_2}{\partial x_1}(0,0) & \frac{\partial g_2}{\partial x_2}(0,0) & \cdots & \frac{\partial g_2}{\partial x_k}(0,0) & \frac{\partial g_2}{\partial y_1}(0,0) & \cdots & \frac{\partial g_2}{\partial y_m}(0,0) \\ \vdots & \vdots & \vdots & \vdots & \vdots & \vdots & \vdots \\ \frac{\partial g_k}{\partial x_1}(0,0) & \frac{\partial g_k}{\partial x_2}(0,0) & \cdots & \frac{\partial g_k}{\partial x_k}(0,0) & \frac{\partial g_k}{\partial y_1}(0,0) & \cdots & \frac{\partial g_k}{\partial y_m}(0,0) \\ \frac{\partial g_{k+1}}{\partial x_1}(0,0) & \frac{\partial g_{k+1}}{\partial x_2}(0,0) & \cdots & \frac{\partial g_{k+1}}{\partial x_k}(0,0) & \frac{\partial g_{k+1}}{\partial y_1}(0,0) & \cdots & \frac{\partial g_{k+1}}{\partial y_m}(0,0) \\ \vdots & \vdots & \vdots & \vdots & \vdots & \vdots & \vdots \\ \frac{\partial g_{k+m}}{\partial x_1}(0,0) & \frac{\partial g_{k+m}}{\partial x_2}(0,0) & \cdots & \frac{\partial g_{k+m}}{\partial x_k}(0,0) & \frac{\partial g_{k+m}}{\partial y_1}(0,0) & \cdots & \frac{\partial g_{k+m}}{\partial y_m}(0,0) \end{bmatrix}$$

Derivando as relações, temos a matriz:

$$\begin{bmatrix} 1 & 0 & \cdots & 0 & 0 & \cdots & 0 \\ 0 & 1 & \cdots & 0 & 0 & \cdots & 0 \\ \vdots & \vdots & \ddots & \vdots & \vdots & \ddots & \vdots \\ 0 & 0 & \cdots & 1 & 0 & \cdots & 0 \\ \frac{\partial f_1}{\partial x_1}(0,0) & \frac{\partial f_1}{\partial x_2}(0,0) & \cdots & \frac{\partial f_1}{\partial x_k}(0,0) & \frac{\partial f_1}{\partial y_1}(0,0) & \cdots & \frac{\partial f_1}{\partial y_m}(0,0) \\ \vdots & \vdots & \vdots & \vdots & \vdots & & \vdots \\ \frac{\partial f_2}{\partial x_1}(0,0) & \frac{\partial f_2}{\partial x_2}(0,0) & & \frac{\partial f_2}{\partial x_k}(0,0) & \frac{\partial f_2}{\partial y_1}(0,0) & & \frac{\partial f_2}{\partial y_m}(0,0) \\ & & \cdots & & & \cdots & \\ \frac{\partial f_m}{\partial x_1}(0,0) & \frac{\partial f_m}{\partial x_2}(0,0) & & \frac{\partial f_m}{\partial x_k}(0,0) & \frac{\partial f_m}{\partial y_1}(0,0) & & \frac{\partial f_m}{\partial y_m}(0,0) \end{bmatrix}$$

De modo simplificado, temos:

$$[g'(0,0)] = \begin{bmatrix} I_k & O \\ \left[\frac{\partial f}{\partial x}(0,0)\right] & \left[\frac{\partial f}{\partial y}(0,0)\right] \end{bmatrix}$$, em que I_k é a matriz identidade de ordem $k \times k$ e O é a matriz nula de ordem $m \times m$.

Em álgebra linear, a matriz de Jacobi de $[g'(0,0)]$ é dada por:

$$J_g(0,0) = \det \begin{bmatrix} I_k & O \\ \left[\frac{\partial f}{\partial x}(0,0)\right] & \left[\frac{\partial f}{\partial y}(0,0)\right] \end{bmatrix} = \det \left[\frac{\partial f}{\partial y}(0,0)\right] \neq 0$$

Então,

$$J_g(0,0) \neq 0$$

Segue o Teorema da Função Inversa no qual existe um aberto U contendo $(0, 0) \in R^k \times R^m$ tal que $V = g(U)$ é um aberto e a restrição de g a U é uma bijeção[4] sobre V, com inversa contínua $h : V \to U$ que pertence à classe $C^1(V)$ e com $h(0, 0) = (0, 0)$. Se h tem a forma $h(x, z) = (h_1(x, z) \cdot h_2(x, z))$, para $(x, z) \in V$, em que $h_1 : V \to R^k$ e $h_2 : V \to R^m$, como:

$$(x, z) = (g \circ h)(x, z) = g(h(x, z)) = g(h_1(x, z), h_2(x, z)) = (h_1(x, z), f(h_1(x, z), h_2(x, z)))$$

---

4 Uma **bijeção** de um conjunto A para um conjunto B é uma correspondência biunívoca entre A e B, isto é, para cada elemento de A corresponde sempre um único elemento de B e vice-versa.

Temos:

$x = h_1(x, z)$ e $z = f(h_1(x, z) \cdot h_2(x, z))$.

Logo, escrevemos h de forma mais simples:

$h(x, z) = (x, h_2(x, z))$

Se $\pi: R^k \times R^m \to R^m$ definida por $\pi(x, z) = z$, então π é linear e contínua, sendo $(\pi \circ h)(x, z) = \pi(h(x, z)) = \pi(h_1(x, z)), h_2(x, z)) = h_2(x, z)$, para $(x, z) \in V$, ou seja: $h_2 = \pi \circ h$. Assim, $h_2 \in C^1(V)$ e temos $z = f(x_1 h_2(x, z))$ para $(x, z) \in V$.

Consideremos agora que $\Omega = \{x \in R^k : (x, 0) \in V\}$ tal que Ω é um aberto contendo $0 \in R^k$. Portanto, definimos $\phi(x) = h_2(x, 0)$ para $x \in \Omega$.

Calculando $\phi(0) = h_2(0, 0) = (\pi \circ h)(0, 0) = \pi(h(0, 0)) = \pi(0, 0) = 0$, como $\phi'(x) = h'_2(x, 0)$ para $x \in \Omega$, então ϕ será de classe $C^1(\Omega)$. Sendo assim, para $x \in \Omega$, temos: $f(x, h_2(x, 0)) = 0 = f(x, \phi(x))$.

Queremos dizer com isso que $f(x, \phi(x)) = 0$, para todo $x \in \Omega$. Existe uma vizinhança aberta Ω de $x_0 \in R^k$ e uma função $\phi: \Omega \to R^m$ de classe C^1 tal que $y_0 = \phi(x_0)$ e $f(x, \phi(x)) = 0$ para todo $x \in \Omega$, sendo essa a primeira condição do teorema. Enquanto que na segunda condição é dado que existe um aberto U contendo (x_0, y_0) em $R^k \times R^m$ tal que o par $(x, y) \in U$ verifica $f(x, y) = 0$. Então, de fato, seja $(x, y) \in U$ tal que $f(x, y) = 0$, logo $g(x, y) = (x, f(x, y)) = (x, 0) \in V$ dado.

Decorre dessa interpretação que $x \in \Omega$ e, além disso, que $(x, y) = (h \circ g)(x, y) = h(g(x, y)) = h(x, 0) = (x, h_2(x, y)) = (x, \phi(x))$, de modo que $y = \phi(x)$ para todo $x \in \Omega$. Seja $(x, y) \in U$ tal que $y = \phi(x)$ para todo $x \in \Omega$. Então, $f(x, y) = f(x, f(x, y))$.

6.3.4 Teorema de Gauss e Stokes

O Teorema da Divergência (Gauss) e o Teorema de Stokes são generalizações do Teorema de Green, no plano, para o espaço tridimensional. Porém, antes de seguirmos para o estudo desses teoremas, vamos abordar a ideia de divergência e de rotacionalidade de um campo vetorial.

Nas relações com campos vetoriais e escalares, é comum introduzir a notação do vetor simbólico ∇ definido por:

$$\nabla = \bar{i}\frac{\partial}{\partial x} + \bar{j}\frac{\partial}{\partial y} + \bar{k}\frac{\partial}{\partial z}$$

O vetor simbólico ∇, na realidade, não representa um vetor completo, sendo somente um símbolo incompleto e sem sentido algum, a menos que seja aplicado por um campo escalar ou vetorial.

Exemplo 14

Se w = f(x, y, z) é um campo escalar, então $\nabla w = \bar{i}\frac{\partial}{\partial x} + \bar{j}\frac{\partial}{\partial y} + \bar{k}\frac{\partial}{\partial z} = \frac{\partial w}{\partial x}\bar{i} + \frac{\partial w}{\partial y}\bar{j} + \frac{\partial w}{\partial z}\bar{k}$ = o gradiente w, que explica o motivo do uso da notação ∇w para o gradiente w.

Exemplo 15

Considerando o campo vetorial $\bar{F} = M(x,y,z)\bar{i} + N(x,y,z)\bar{j} + P(x,y,z)\bar{k}$, podemos formar tanto o produto escalar $\frac{\partial w}{\partial x}\bar{i}$ como o produto vetorial $\nabla \times F$, do vetor simbólico ∇ com F. O produto escalar $\nabla \cdot F$ é considerado divergente de $\bar{F}$, e escrito de forma abreviada por div$\bar{F}$, enquanto o produto vetorial $\nabla \times F$ é chamado de rotacional de $\bar{F}$, de forma abreviada escrito por rot$\bar{F}$. Logo, temos:

$$\text{div}\bar{F} = \nabla \cdot \bar{F} = \left(\bar{i}\frac{\partial}{\partial x} + \bar{j}\frac{\partial}{\partial y} + \bar{K}\frac{\partial}{\partial z} + \right) \cdot (M\bar{i} + N\bar{j} + P\bar{k}) = \frac{\partial M}{\partial x} + \frac{\partial N}{\partial y} + \frac{\partial P}{\partial z}$$

Para o cálculo do determinante, temos:

$$\text{rot } \bar{F} = \nabla \cdot \bar{F}\begin{bmatrix} \bar{i} & \bar{j} & \bar{k} \\ \frac{\partial}{\partial x} & \frac{\partial}{\partial y} & \frac{\partial}{\partial z} \\ M & N & P \end{bmatrix} =$$

$$= \left(\frac{\partial P}{\partial y} - \frac{\partial N}{\partial z}\right)\bar{i} + \left(\frac{\partial M}{\partial z} - \frac{\partial P}{\partial x}\right)\bar{j} + \left(\frac{\partial N}{\partial x} - \frac{\partial M}{\partial y}\right)\bar{k}$$

Contudo, dizemos que o campo vetorial $\bar{F}$ refere-se a um campo de velocidade de um fluido em deslocamento, então $\nabla \cdot \bar{F}$ e $\nabla \times \bar{F}$ apresenta interpretações físicas relevantes. O escalar $\nabla \cdot \bar{F}$ é uma medida de tendência dos vetores velocidades para divergir para um outro.

Exemplo 16

Consideremos um fluido que escoa com velocidade constante (Figura 1), então os vetores velocidade são paralelos entre si, e o divergente é nulo; contudo, perto de uma fonte de fluido (Figura 2) o divergente seria maior. Por outro lado, se a extremidade do vetor $\nabla \times \bar{F}$ estiver equipada com pequenos cataventos (Figura 3), então o escoamento do fluido causa a rotação dos cataventos com velocidade angular proporcional $|\nabla \times \bar{F}|$.

Figura 1

$\overline{V} \cdot \overline{F} = 0$

Figura 2

fonte $\quad \overline{V} \cdot \overline{F} > 0$

Fonte: Munem; Foulis, 1982, p. 1.022.

Figura 3

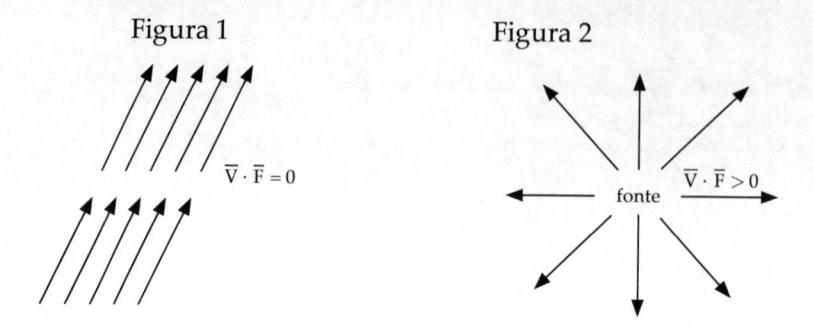

$\overline{V} \times \overline{F}$

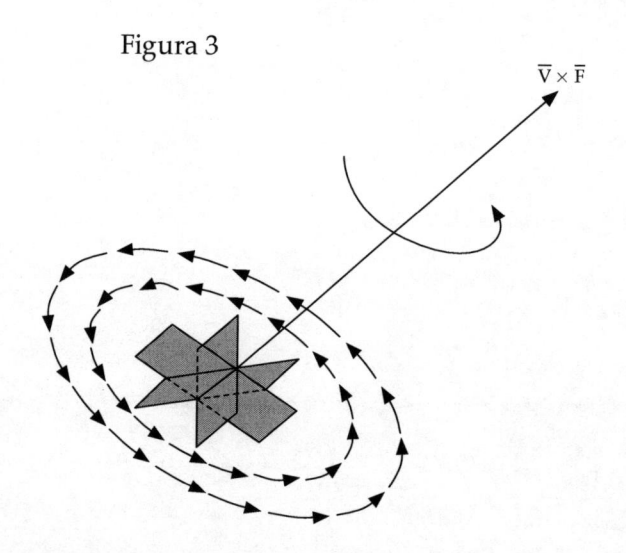

Fonte: Munem; Foulis, 1982, p. 1.022.

Exemplo 17

Calculando $\nabla \cdot \overline{F}$ e $\nabla \times \overline{F}$, sendo $\overline{F} = 2xy\overline{i} + 4yz\overline{j} - xz\overline{k}$, temos:

$$\nabla \cdot \overline{F} = \frac{\partial}{\partial x} \cdot (2xy) + \frac{\partial}{\partial y}(4yz) + \frac{\partial}{\partial z}(-xz) = 2y + 4z - x$$

$$\nabla \times \overline{F} = \begin{vmatrix} \overline{i} & \overline{j} & \overline{k} \\ \frac{\partial}{\partial x} & \frac{\partial}{\partial y} & \frac{\partial}{\partial z} \\ 2xy & 4yz & -xz \end{vmatrix} =$$

$$= \left[\frac{\partial}{\partial y}(-xz) - \frac{\partial}{\partial z}(4yz) \right]\overline{i} + \left[\frac{\partial}{\partial z}(2xy) - \frac{\partial}{\partial x}(-xz) \right]\overline{j} + \left[\frac{\partial}{\partial x}(4yz) - \frac{\partial}{\partial y}(2xy) \right]\overline{k} =$$

$$= (-4y)\overline{i} + [-(-z)]\overline{j} + (-2x)\overline{k} = -4y\overline{i} + z\overline{j} - 2x\overline{k}$$

6.3.5 Teorema da Divergência (Gauss)

Para o estudo do Teorema da Divergência de Gauss, considera-se que S é uma região fechada com limítrofe definido no espaço com a tripla ordenada (x, y, z), cujo limite de S é definido pela superfície uniforme representada por um somatório $\sum$. Na hipótese de que o campo vetorial $\overline{F}$ está definido em um conjunto aberto U contendo S, todas as funções componentes escalares de $\overline{F}$ são continuamente diferenciáveis nesse espaço aberto U, considerando que, no estudo de um vetor, haverá um vetor unitário N de externo localizado e normal à superfície. Então, escrevemos:

$$\iiint_S \nabla \cdot \overline{F} dx\ dy\ dz = \iint_\Sigma \overline{F} \cdot \overline{N} \cdot dA$$

Podemos dizer que a integral interpretada sobre um sólido S que está divergente ao campo vetorial seja o fluxo do campo através do limite do sólido. Assim, se o integrando de uma integral tripla pode ser expresso como o divergente de um campo vetorial, então podemos dizer que o valor da integral depende somente dos vetores na superfície que compreende o volume.

Exemplo 18

No cubo S representado no gráfico abaixo, que está limitado pelos planos x = 0, x = 1, y = 0, y = 1, z = 0 e z = 1, usamos o Teorema da Convergência (Gauss) para $\overline{F} = (2x - z)\overline{i} + x^2 y \overline{j} + xz^2 \overline{k}$, sendo $\sum$ a superfície de S. Calculamos $\iint_\Sigma \overline{F} \cdot \overline{N} \cdot dA$, em que $\overline{N}$ é o vetor unitário externo, normal a $\sum$.

Pelo Teorema da Convergência, temos:

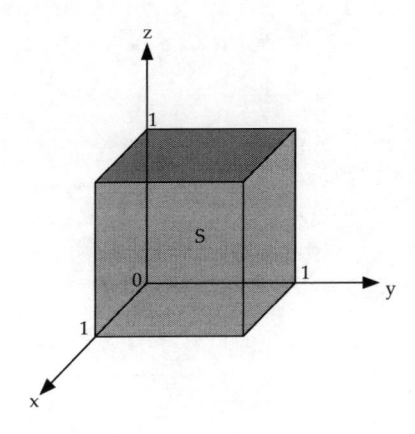

Fonte: Munem; Foulis, 1982, p. 1.023.

$$\iint_{\Sigma} \overline{F} \cdot \overline{N} \cdot dA = \iiint_{S} \nabla \cdot F \; dx \; dy \; dz = \iiint_{S} \left[\frac{\partial}{\partial x}(2x-z) + \frac{\partial}{\partial y}(x^2 y) + \frac{\partial}{\partial z}(xz^2) \right] dx \; dy \; dz =$$

$$= \iiint_{S} (2 + x^2 + 2xz) dx \; dy \; dz = \int_0^1 \int_0^1 \int_0^1 (2 + x^2 + 2xz) dx \; dy \; dz =$$

$$= \int_0^1 \int_0^1 \left[\left(2x + \frac{x^3}{3} + x^2 z \right) \Big|_0^1 \right] dy \; dz = \int_0^1 \int_0^1 \left(\frac{7}{3} + z \right) dy \; dz =$$

$$= \int_0^1 \left[\left(\frac{7}{3} + z \right) y \Big|_0^1 \right] dz = \int_0^1 \left(\frac{7}{3} + z \right) dz = \left(\frac{7}{3} z + \frac{z^2}{2} \right) \Big|_0^1 = \frac{17}{6}$$

Exemplo 19

Vamos provar o princípio de Arquimedes, dado que a força atuante em um sólido S imerso em um fluido de densidade constante é igual ao peso do fluido deslocado. Usando o Teorema da Convergência (Gauss), temos que o sistema coordenado xyz está posicionado de tal maneira que o sólido S está localizado abaixo do plano xy e o eixo z apontado para cima, como no gráfico a seguir. Pelas leis da Física, a pressão P do fluido varia linearmente com a profundidade, e a pressão no ponto (x, y, z) à superfície $\sum$ de S é dada por:

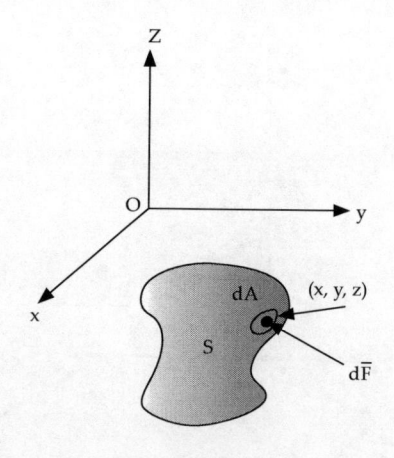

Fonte: Munem; Foulis, 1982, p. 1.024.

$P = a - \delta z$, em que a é uma constante e δz é o peso de uma unidade de volume do fluido. A força infinitesimal $d\overline{F}$ causada por essa pressão em uma área infinitesimal $d\overline{A}$ tem módulo $|d\overline{F}| = $ pressão X área $= (a - \delta z) dA$.

A pressão é dirigida para dentro, ao longo da normal à superfície. Logo, se $\overline{N}$ é o unitário dirigido para fora, normal a $\sum$, então:

$$d\overline{F} = |d\overline{F}|(-N) = -(a - \delta z)\overline{N}dA = (\delta z - a)\overline{N}dA$$

A componente vertical $d\overline{F}$ representa o módulo da força atuante $d\overline{F}$ agindo em dA, logo: $d\overline{F} = K \cdot d\overline{F} = \overline{K} \cdot [(\delta z - a)\overline{N}dA] = (\delta z - a)\overline{k} \cdot \overline{N}dA$.

O módulo da força atuante na superfície total $\sum$ é obtido pela soma – isto é, integrando $d\overline{F}_b$ sobre $\sum$. Logo, $F_b = \iint_{\sum} (\delta z - a)\overline{k} \cdot \overline{N} \cdot dA$.

Aqui, temos: $\nabla \cdot (\delta z - a)\overline{k} = \dfrac{\partial}{\partial z}(\delta z - a) = \delta$.

Pelo Teorema da Convergência:

$$F_b = \iint_{\sum} (\delta z - a)\overline{k} \cdot \overline{N} \cdot dA = \iiint_S \nabla \cdot (\delta z - a)\,\overline{k}\, dx\, dy\, dz = \iiint_S \delta\, dx\, dy\, dz =$$

$$= \delta \iiint_S dx\, dy\, dz = \delta V$$

Em que V é o volume de S, visto que δ é o peso de uma unidade de volume do fluido, segue-se que δV é o peso do fluido deslocado.

6.3.6 Teorema de Stokes

O Teorema de Stokes é outra generalização do Teorema de Green. Intuitivamente, o Teorema de Stokes diz que o fluxo do rotacional de um campo vetorial $\overline{F}$ através de uma superfície $\sum$ é igual à integral de linha da componente tangencial de $\overline{F}$ aplicada no limite de $\sum$.

Para compreender melhor, supomos que $\sum$ seja uma superfície e que N seja um vetor unitário normal a $\sum$ que varia continuamente como no movimento ao redor da superfície, como expresso no gráfico abaixo. Supomos, ainda, que o limite de $\sum$ seja constituído de uma curva singular fechada C no espaço xyz. Imaginemos uma pessoa em pé com a cabeça voltada na direção do vetor normal N e com a superfície $\sum$ à sua esquerda. Agora, se essa pessoa caminhar ao longo de C, estará por definição se movendo na direção positiva ao redor do contorno. Se desejamos descrever C, ou uma parte de C, parametricamente nós escolhemos sempre os parâmetros t tal que, quanto t aumenta, a pessoa está se movendo ao longo de C na direção positiva. Com base nessa interpretação, vamos a um relato informal do Teorema de Stokes.

direção positiva ao redor do contorno Σ

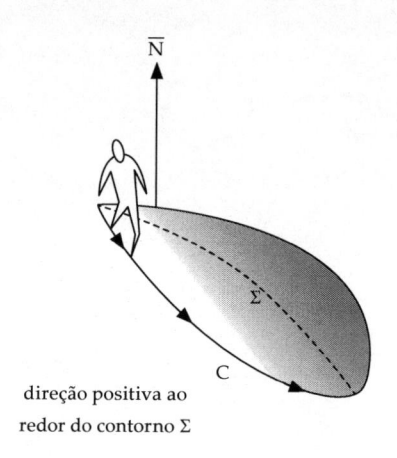

Fonte: Munem; Foulis, 1982, p. 1.026.

O Teorema nos diz que: seja $\overline{F}$ um campo vetorial cujas funções componentes são continuamente diferenciáveis em um conjunto aberto U contendo a superfície $\sum$ e sua curva do contorno C, logo:

$$\int_C \overline{F} \cdot d\overline{R} = \iint_\Sigma (\nabla \times \overline{F}) \cdot \overline{N} \cdot dA$$

No estudo da integral de linha $\int_C \overline{F} \cdot d\overline{R}$ escrita sobre a curva fechada, C é chamada de *circulação do campo vetorial* $\overline{F}$ ao redor de C. Pela existência de particularidades nesse estudo, se $\overline{F}$ representa um campo de força, então a circulação de $\overline{F}$ ao redor de C é o trabalho total realizado pela força F no transporte de uma partícula ao redor da curva fechada C. Logo, na aplicação do Teorema de Stokes, temos que a circulação de um campo vetorial ao redor do contorno de uma superfície no espaço definido pela tripla ordenada (x, y, z) é equivalente ao fluxo do valor rotacional do campo através da superfície S.

Exemplo 20

Seja $\sum$ a porção da paraboloide de revolução, dada por $z = \frac{1}{2}(x^2 + y^2)$, cortada pelo plano $z = 2$ e compreendida abaixo desse plano, e seja $\overline{N}$ o vetor unitário normal a $\sum$ que faz um ângulo agudo com o eixo z positivo. Se C é a curva limitada de $\sum$ e $\overline{F}$ é o campo vetorial, em que $\overline{F} = 3y\overline{i} - xz\overline{j} + yz^2\overline{k}$, realizamos a verificação do Teorema de Stokes para $\overline{F}$ e $\sum$.

Assim, temos:

$$\overline{N}\ dA = -\left(\frac{\partial z}{\partial x}\overline{i} + \frac{\partial z}{\partial y}\overline{j} - \overline{k}\right)\ dx\ dy = (-x\overline{i} - y\overline{j} + \overline{k})\ dx\ dy$$

Vejamos:

$$\nabla \times \overline{F} = \begin{vmatrix} \overline{i} & \overline{j} & \overline{k} \\ \dfrac{\partial}{\partial x} & \dfrac{\partial}{\partial y} & \dfrac{\partial}{\partial z} \\ 3y & -xz & yz^2 \end{vmatrix} = (z^2 + x)\overline{i} + 0\overline{j} + (-z - 3)\overline{k}$$

Logo,

$$(\nabla \times \overline{F}) \cdot \overline{N} dA = \left[(z^2 + x)(-x) + 0(-y) + (-z - 3)(1) \right] dx\ dy$$

Notamos intuitivamente que a superfície $\sum$ está compreendida acima da região circular. D: $x^2 + y^2 \leq 4$ no plano xy, logo:

$$\iint_{\sum} \left(\nabla \times \overline{F} \right) \cdot \overline{N} dA = \iint_{\sum} (-z^2 x - x^2 - z - 3) dx\ dy =$$

$$= \iint_D \left[-\dfrac{1}{4}(x^2 + y^2)^2 x - x^2 - \dfrac{1}{2}(x^2 + y^2) - 3 \right] dx\ dy$$

Passando para coordenadas polares, encontramos o fluxo por meio de $\sum$ rotacional de $\overline{F}$ dado por:

$$\iint_{\sum} \left(\nabla \times \overline{F} \right) \cdot \overline{N} dA = \int_0^{2\pi} \int_0^2 \left(-\dfrac{1}{4} r^4 r\ \cos\theta - r^2 \cos^2\theta - \dfrac{1}{2} r^2 - 3 \right) r\ dr\ d\theta =$$

$$= \int_0^{2\pi} \int_0^2 \left(-\dfrac{r^6}{4} \cos\theta - r^3 \cos^2\theta - \dfrac{r^3}{2} - 3r \right) dr\ d\theta =$$

$$= \int_0^{2\pi} \left[\left(-\dfrac{r^7}{28} \cos\ \theta - \dfrac{r^4}{4} \cos^2\theta - \dfrac{r^4}{8} - \dfrac{3r^2}{2} \right) \Bigg|_0^2 \right] d\theta =$$

$$= \int_0^{2\pi} \left(-\dfrac{32}{7} \cos\theta - 4\cos^2\theta - 8 \right) d\theta =$$

$$= \int_0^{2\pi} \left[-\dfrac{32}{7} \cos\theta - 2(1 + \cos 2\theta) - 8 \right] d\theta =$$

$$= \int_0^{2\pi} \left(-\dfrac{32}{7} \cos\theta - 2\cos\ 2\theta - 10 \right) d\theta =$$

$$= \left(-\dfrac{32}{7} \operatorname{sen}\theta - \operatorname{sen}\ 2\theta - 10\theta \right) \Bigg|_0^{2\pi} = -20\pi$$

Em seguida, calculando a circulação $\int_C \vec{F} \cdot d\vec{R}$, notamos que C é descrito paramétrica e vetorialmente por:

$$\vec{R} = (2\cos\ t)\vec{i} + (2\operatorname{sen}\ t)\vec{j} + 2\vec{k}, \text{ para } 0 \leq t \leq 2\pi, \text{ logo}$$

$$d\vec{R} = [(-2\operatorname{sen}\ t)\vec{i} + (2\cos\ t)\vec{j}]dt \text{ e}$$

$$\vec{F} \cdot d\vec{R} = [(3y)(-2\operatorname{sen}\ t) + (-xz)(2\cos t)]dt =$$

$$= [3(2\operatorname{sen}\ t)(-2\operatorname{sen}\ t) + (-2\cos t)(2)(2\cos t)]dt =$$

$$= (-12\operatorname{sen}^2 t - 8\cos^2 t)dt$$

logo,

$$\int_C \vec{F} \cdot d\vec{R} = \int_0^{2\pi} (-12\operatorname{sen}^2 t) - 8\cos^2 t)dt = -\int_0^{2\pi} (4\operatorname{sen}^2 t + 8\operatorname{sen}^2 t + 8\cos^2 t)dt$$

$$= -\int_0^{2\pi} (4\operatorname{sen}^2 t + 8)dt = -\int_0^{2\pi} [2(1 - \cos 2t) + 8]dt =$$

$$= -\int_0^{2\pi} (10 - 2\cos 2t)dt = -(10t - \operatorname{sen}2t)\Big|_0^{2\pi} = -20\pi$$

Exercícios de fixação

6) Use o Teorema de Stokes para calcular o fluxo $\iint_\Sigma (\nabla \cdot \vec{F}) \cdot \vec{N} \cdot dA$ do rotacional de cada campo vetorial $\vec{F}$ através da superfície indicada Σ na direção do vetor unitário normal $\vec{N}$.
   a. $\vec{F} = y^2\vec{i} + xy\vec{j} + xz\vec{k}$; Σ é o hemisfério $x^2 + y^2 + z^2 = 9$; $z \geq 0$ e $\vec{N}$ tem uma componente não negativa $\vec{K}$.
   b. $\vec{F} = (z+y)\vec{i} + (z+x)\vec{j} + (x+y)\vec{k}$; Σ é o triângulo de vértices (1,0,0), (0,1,0) e (0,0,1); $\vec{N}$ é o vetor unitário normal cujas componentes são todas positivas.
   c. $\vec{F} = y\vec{i} + z\vec{j} + x\vec{k}$; Σ é o hemisfério $x^2 + y^2 + z^2 = 9$; $z \geq 1$ e $\vec{N}$ é o vetor unitário cuja componente $\vec{K}$ é não negativa.

Síntese

Neste capítulo, abordamos o estudo de funções vetoriais explorando o estudo das integrais de linha. Mostramos a aplicação dos teoremas de Green, que relacionam a integral de linha sobre uma curva fechada num plano com uma integral dupla sobre a região compreendida no interior dessa curva. Além disso, estudamos o teorema da função implícita, que consiste na demonstração do método de iteração de método jacobiano para um sistema linear de equações. Por meio de análises gráficas e exemplos resolvidos, foram mostradas algumas generalizações compatíveis entre os teoremas de Gauss, Stokes e Green.

Atividades de autoavaliação

1) Assinale com verdadeiro (V) ou falso (F) as sentenças a seguir:
   ( ) O vetor é um segmento orientado, que é, em linguagem corriqueira, uma seta. Cada vetor tem uma origem, que também é chamada de *ponto inicial*, e uma extremidade, chamada de *ponto terminal*.
   ( ) Os vetores apresentam uma orientação, na direção que se estende do seu ponto inicial ao ponto final. Quando a inversão dessa orientação ocorre, obtemos então um vetor com direção contrária.
   ( ) Com base no estudo das integrais de linha, estas são indefinidas por meio de limites das somas de Riemann, de modo similar à definição dada para integral definida.
   ( ) Com base no estudo das integrais de linha, estas são definidas por meio de limites das somas de Riemann, de modo idêntico à definição dada para integral definida.

   Agora, assinale a alternativa que corresponda corretamente à sequência obtida:
   a. F, F, F, F.
   b. V, V, F, V.
   c. V, F, V, F.
   d. V, V, V, V.

2) Assinale com verdadeiro (V) ou falso (F) as sentenças a seguir:
   ( ) O Teorema de Green relaciona uma integral de linha sobre uma curva fechada num plano com uma integral dupla sobre a região compreendida no interior dessa curva.
   ( ) O Teorema de Green considera que se C é uma linha uniforme, simples, definindo uma curva fechada no plano de coordenadas xy e supondo que a curva C determina o limite de uma região bidimensional R, considerando que C é orientado, sobre R, para um sentido horário e anti-horário, ocorrem mudanças nos sinais de positivo para negativo e vice-versa.

( ) Quando há possibilidade de uma função ser invertível num local de vizinhança de $x_0 = 0$, a função é classificada como uma função bijetora nesse espaço local da vizinhança.

( ) Se uma função é dita diferenciável, podemos assim concluir que, de acordo com o teorema da função inversa em um conjunto contendo elementos x_0, a função então apresenta uma inversa.

Agora, assinale a alternativa que corresponda corretamente à sequência das respostas:
a. V, V, F, V.
b. F, F, F, F.
c. V, F, F, F.
d. F, V, V, V.

3) Assinale com verdadeiro (V) ou falso (F) as sentenças a seguir:
( ) O Teorema da Divergência (Gauss) e o Teorema de Stokes são generalizações do Teorema de Green, no plano, para o espaço tridimensional.

( ) Não existe relação entre o Teorema da Divergência (Gauss) e o Teorema de Stokes, pois não há generalizações do Teorema de Green, no plano, para o espaço tridimensional.

( ) Nas relações com campos vetoriais e escalares, é comum introduzir a notação do vetor simbólico ∇ definido por $\nabla = \bar{i}\dfrac{\partial}{\partial x} + \bar{j}\dfrac{\partial}{\partial y} + \bar{k}\dfrac{\partial}{\partial z}$. O vetor simbólico ∇ representa um vetor completo.

( ) Nas relações com campos vetoriais e escalares, é comum introduzir a notação do vetor simbólico ∇ definido por $\nabla = \bar{i}\dfrac{\partial}{\partial x} + \bar{j}\dfrac{\partial}{\partial y} + \bar{k}\dfrac{\partial}{\partial z}$. O vetor simbólico ∇, na realidade, não representa um vetor completo, sendo somente um símbolo incompleto e sem sentido algum, a menos que seja aplicado por um campo escalar ou vetorial.

Agora, assinale a alternativa que corresponda corretamente à sequência das respostas:
a. V, V, F, V.
b. V, V, F, F.
c. F, V, F, V.
d. V, F, F, V.

4) Assinale com verdadeiro (V) ou falso (F) as sentenças a seguir:
( ) O Teorema de Stokes é outra generalização do Teorema de Green. Intuitivamente, o Teorema de Stokes diz que o fluxo do rotacional de um campo vetorial $\bar{F}$ através de uma superfície $\sum$ é diferente da integral de linha da componente tangencial de $\bar{F}$ aplicada no limite de $\sum$.

( ) O Teorema de Stokes generaliza o Teorema de Green quando se diz que o fluxo do rotacional de um campo vetorial $\overline{F}$ através de uma superfície $\sum$ é parte da integral de linha da componente tangencial de $\overline{F}$ não aplicada no limite de $\sum$.

( ) O Teorema de Stokes é outra generalização do Teorema de Green. Intuitivamente, o Teorema de Stokes diz que o fluxo do rotacional de um campo vetorial $\overline{F}$ através de uma superfície $\sum$ é diferente da integral de linha da componente tangencial de $\overline{F}$, não havendo limite para $\sum$.

( ) O Teorema de Stokes é outra generalização do Teorema de Green. Intuitivamente, o Teorema de Stokes diz que o fluxo do rotacional de um campo vetorial $\overline{F}$ através de uma superfície $\sum$ é igual à integral de linha da componente tangencial de $\overline{F}$ aplicada no limite de $\sum$.

Agora, assinale a alternativa que corresponda corretamente à sequência das respostas:

a. F, F, F, V.
b. F, F, V, F.
c. F, V, F, F.
d. V, F, F, F.

5) Analise a figura abaixo e assinale com verdadeiro (V) ou falso (F) as sentenças a seguir:

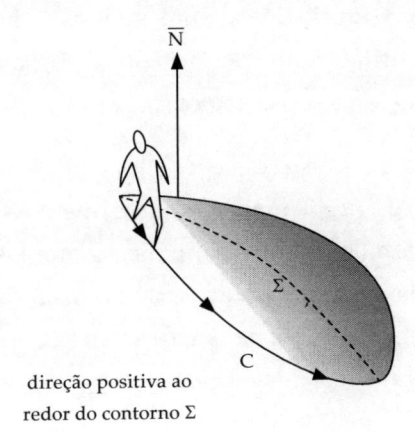

direção positiva ao redor do contorno Σ

Fonte: Munem; Foulis, 1982, p. 1.026.

( ) Seja $\overline{F}$ um campo vetorial cujas funções componentes são continuamente diferenciáveis em um conjunto aberto U contendo a superfície $\sum$ e sua curva do contorno C, logo $\int_C \overline{F} \cdot d\overline{R} = \iint_\Sigma (\nabla \times \overline{F}) \cdot \overline{N} \cdot dA$. Essa afirmação está relacionada ao Teorema de Stokes.

( ) Na figura, se $\overline{F}$ é um campo vetorial cujas funções componentes são continuamente diferenciáveis em um conjunto fechado U contendo a superfície $\sum$ e sua curva do contorno C, logo $\int_C \overline{F} \cdot d\overline{R} = \iint_\Sigma (\nabla \times \overline{F}) \cdot \overline{N} \cdot dA$. Pode ser considerado um homomorfismo.

( ) Na figura, o estudo da integral de linha $\int_C \overline{F} \cdot d\overline{R}$ escrita sobre a curva fechada C pode ser chamada de circulação fora do campo vetorial $\overline{F}$ ao redor de C.

( ) Na aplicação do Teorema de Stokes a circulação de um campo vetorial ao redor do contorno de uma superfície no espaço definido pela tripla ordenada (x,y,z) é equivalente ao fluxo do valor rotacional do campo através da superfície S.

Agora, assinale a alternativa que corresponda corretamente à sequência das respostas:

a. F, V, F, F.
b. F, F, F, V.
c. V, F, F, V.
d. F, V, V, F.

Atividades de aprendizagem
Questões para reflexão

1) A Matemática, na grande maioria das escolas, ainda é concebida como um conjunto de técnicas, um conhecimento pronto e acabado, que é transmitido aos alunos de forma mecânica e acrítica. Para o estudo do cálculo, é possível desenvolver técnicas e expressar ideias matemáticas, sem utilizar um conjunto de regras, axiomas, postulados e teoremas elaborados e validados ao longo dos séculos?

2) Em educação matemática, busca-se conceber a matemática como um conjunto de regras e técnicas para a resolução de problemas imediatos que possam ajudar as pessoas nas suas atividades diárias, como também contribuir para a compreensão do mundo mais amplo em que vivemos. Assim, reflita a respeito de que maneira efetiva a matemática pode ajudar o homem nas suas atividades diárias e de que forma pode ocorrer essa ajuda, considerando o ensino da matemática nos dias de hoje.

Atividades aplicadas: prática

1) Considerando a forma como a matemática é concebida nas escolas, já comentada anteriormente, elabore uma análise crítica sobre essa concepção, justificando seu ponto de vista.

Considerações finais

Finalizamos este livro com o desejo de evidenciar a necessidade de abrir novas perspectivas relevantes à educação, em especial na área da educação matemática, considerada uma ciência, que abre possibilidades para irmos além do que está proposto nos currículos acadêmicos nos cursos de licenciatura em matemática. Esperamos que os temas aqui apresentados possam trazer novas experiências e abrir novos potenciais intelectuais para a prática pedagógica no processo de ensino-aprendizagem, no campo da educação matemática. É fato a necessidade de explorarmos os potenciais na área do conhecimento para contribuir com os avanços em relação atemas como didática e metodologia de avaliação, para todo o corpo da ciência matemática. Entendemos que, para um grande número de graduados em matemática, pouca coisa se alterou no ensino dessa ciência, o que indica que os professores e os alunos devem buscar aprofundar seus conhecimentos sobre os entes matemáticos tanto formais quanto aqueles não institucionalizados, mas que, com certeza, possibilitam a compreensão e o entendimento maior sobre a importância da matemática em nossa prática diária.

Esperamos que esta obra possibilite ampliar e alterar algumas concepções de paradigmas presentes na visão do ensino tradicional, não para esquecê-lo, mas, sim, para aperfeiçoá-lo a cada nova prática e a cada novo desafio em busca da matemática que queremos para nossa formação e, consequentemente, para nossos alunos. E, para isso, é preciso ter a visão globalizada no que se refere ao conhecimento das diversas dimensões; social, cultural, econômica, entre outras. Assim, esperamos que os textos desta obra e os conteúdos desenvolvidos com os exemplos no decorrer de cada capítulo possam ser norteadores para uma nova prática reflexiva do ensino da matemática. Com certeza, essas novas perspectivas podem mudar o presente e o futuro de como fazer e praticar matemática.

Referências

ANTON, H. **Cálculo**: um novo horizonte. 6. ed. Porto Alegre: Bookman, 2000. v. 1.

AYRES, F. **Cálculo diferencial e integral**. São Paulo: Ed. McGraw Hill do Brasil, 1981.

BOULOS, P. **Cálculo diferencial e integral**. v. 1. São Paulo: Makron Books, 1999.

COUTINHO, L. **Convite às geometrias não-euclidianas**. Rio de Janeiro: Editora interciência, 2001.

D'AMBRÓSIO, U. **Da realidade à ação**: reflexões sobre educação e matemática. São Paulo: Summus, 1986.

D'AMBRÓSIO, U. **Etnomatemática**: elo entre as tradições e a modernidade. Belo Horizonte: Autêntica, 2001.

DEMIDOVICH, B. **Problemas e exercícios de análise matemática**. Moscou: Mir, 1977.

EVES, H. **Introdução à história da matemática**. Tradução de Hygino H. Domingues. Campinas: Editora da Unicamp, 2004.

FLEMMING, D. M.; GONÇALVES, M. B. **Cálculo A**: funções, limites, derivações, integração. 5. ed. São Paulo: Pearson Makron, 1992.

GUIDORIZZI, H. L. **Um curso de cálculo**. Rio de Janeiro: LTC, 1985.

HALMENSCHLAGER, V. L. da S. **Etnomatemática**: uma experiência educacional. São Paulo: Selo Negro Edições, 2001.

MORETTIN, P. A.; HAZZAN, S.; BUSSAB, S. H. de O. **Cálculo**: funções de uma e várias variáveis. São Paulo: Saraiva, 2005.

MUNEM, M. A.; FOULIS, D. J. **Cálculo**. São Paulo: LTC, 1982. v. 2.

PIRES, G. **Teorema de Fubini**: cálculo de integrais. Disponível em: <http://www.math.ist.utl.pt/~sanjos/CII/Aulas-9.pdf>. Acesso em: 1º fev. 2016.

PISKUNOV, N. **Cálculo diferencial e integral**. Moscou: Mir, 1977.

ROMANO, R. **Cálculo diferencial e integral**. São Paulo: Atlas, 1981.

SIMMONS, G. F. **Cálculo com geometria analítica**. São Paulo: Makron Books, 1987.

STEWART, J. **Cálculo**. 6. ed. São Paulo: Thomson Learning, 2005. v. 1.

SWOKOWSKI, E. W. **Cálculo com geometria analítica**. 2. ed. São Paulo: Makron Books, 1994. v. 1.

Bibliografia comentada

MUNEM, M. A.; FOULIS, D. J. **Cálculo**. São Paulo: LTC, 1982. v. 2.
Esse livro destina-se aos cursos de graduação em Matemática para o estudo de cálculo numérico e oferece o fundamento indispensável em cálculo e geometria analítica para os estudantes de matemática, engenharia, física, química, economia e ciências biológicas. O livro tem como objetivos principais, expor todas as explicações com clareza e acessibilidade apropriadas, de modo que os alunos não tenham qualquer dificuldade na leitura e no aprendizado dos conteúdos, além de possibilitar que os estudantes apliquem os princípios aprendidos à resolução de problemas práticos. Para atingir estes objetivos, foram introduzidos novos tópicos, em linguagem informal e cotidiana, com ilustrações de exemplos simples e familiares. As definições formais e os teoremas técnicos foram introduzidos posteriormente, depois de os alunos terem a oportunidade de compreender os novos conceitos e apreciar que respectiva utilidade. Destacam-se, ainda, algumas características: a matéria é desenvolvida sistematicamente por intermédio de exemplos resolvidos e questões geométricas, seguidos por definições claras, demonstrações sequenciadas, enunciados precisos dos teoremas e demonstrações gerais. Os procedimentos detalhados das demonstrações ajudam o aluno a compreender técnicas importantes que causam, com frequência, bastantes dificuldades, como, por exemplo, o traçado de gráficos, mudanças de variáveis e integração por partes, em virtude do aprendizado de boa parte do cálculo se fazer por intermédio da resolução de problemas, destacando-se a dedicação especial dada ao conjunto de problemas no final de cada seção. São elencados também os conceitos e os instrumentos necessários aos estudantes de engenharia e de ciência. Em relação à organização, o livro é apresentado em volume único ou dividido em duas partes, e cada capítulo fornece uma revisão da matemática básica que precede o cálculo, incluindo desigualdades, coordenadas cartesianas, trigonometria e funções.

FLEMMING, D. M.; GONÇALVES, M. B. **Cálculo A**: funções, limites, derivações, integração.
5. ed. São Paulo: Pearson Makron, 1992.
Esse livro destina-se ao estudo do cálculo relacionado a limites de funções, técnicas de derivação e integração. Está dividido em oito capítulos, servindo de texto básico para os alunos de cálculo da primeira fase dos cursos das áreas tecnológicas e de ciências exatas. Também pode ser utilizado como texto suplementar para os alunos das áreas de economia e administração. Cada capítulo apresenta seções que abordam números reais e funções, os quais são considerados pré-requisitos para o acompanhamento do estudo de limite, derivada e integral. Os enunciados são claros em suas definições, propriedades e teoremas relativos ao assunto abordado. Sempre que possível, são apresentadas as correspondentes ideias intuitivas e geométricas, bem como

exemplos de aplicaçãoes práticas. São propostas listas de exercícios, com respostas, para complementar a aprendizagem do aluno. O livro mostra ainda imagens gráficas e traçados geométricos que auxiliam no entendimento e na compreensão das ideias e dos teoremas demonstrados.

MORETTIN, P. A.; HAZZAN, S.; BUSSAB, S. H. de O. **Cálculo**: funções de uma e várias variáveis. São Paulo: Saraiva, 2005.

Esse livro em volume único traz, na maior parte de sua apresentação, conteúdos relacionados a assuntos como funções de uma variável e cálculo de funções a várias variáveis. O livro está dividido em quatro partes, sendo a primeira formada pelos capítulos iniciais 1 e 2, com o objetivo de fornecer uma breve retomada de certos assuntos pertencentes ao ensino médio, e tanto o professor como o aluno poderão desenvolvê-lo na sua totalidade ou parcialmente, de acordo com a necessidade do estudo. Na segunda parte, formada pelos capítulos de 3 a 7, são abordados assuntos sobre funções de uma variável, desde a introdução até as regras de integração e derivação. Já na terceira parte, composta dos capítulos de 8 a 12, é desenvolvido o estudo de funções de duas ou mais variáveis. Por questões de ordem didática, está apresentado primeiro o estudo completo de funções de duas variáveis e, em seguida, a extensão para três ou mais variáveis. Na quarta parte, que contempla os capítulos 13 e 14, o livro apresenta um complemento ao estudo do cálculo, que corresponde a uma introdução à álgebra linear, e o estudo de matrizes, determinantes e sistemas lineares. Em cada capítulo são demonstradas, por meio de exemplos e exercícios, diversas aplicações encontradas em administração, economia e finanças. O livro está direcionado ao estudo nas áreas de economia, administração, contabilidade, entre outras.

Respostas

CAPÍTULO 1

Exercícios de fixação

1) $\dfrac{\pi}{54}(577\sqrt{577}-1)$ u.a.

2) Em torno de x (abscissa): $16\sqrt{17}$ u.a. Em torno do eixo y (ordenada): $4\sqrt{7}\,\pi$ u.a.

3) $4\sqrt{26}$ u.c.

4) $\dfrac{1}{27}(85\sqrt{85}-13\sqrt{13})$ u.c.

5) 24 u.c.

6) $\sqrt{2}(e^{\frac{\pi}{3}}-1)$ u.c.

7) $2\cdot a\cdot\pi$ u.c.

8) $\left(\pi-\dfrac{3\sqrt{3}}{2}\right)$ u.a.

9) $(100\,\mathrm{arc}\,\cos\dfrac{3}{5}-48)$ u.a.

10) $\left(\dfrac{3\pi}{2}-\dfrac{9\sqrt{3}}{8}\right)$ u.a.

Atividades de autoavaliação

1) b.

2) c.

3) d.

4) c.

5) c.

CAPÍTULO 2

Exercícios de fixação

1) 12.

2) 32.

3)
   a. 2.
   b. 2.
   c. −4.

4) 0,3.

5) 0,25.

6) 64.

Atividades de autoavaliação

1) b.

2) a.

3) d.

4) b.

5) a.

CAPÍTULO 3

Exercícios de fixação

1)
   a. 2.
   b. 10.
   c. $\dfrac{2a^2}{\sqrt{a-1}}$.

2) Contínua; 18.

3)
   a. Não contínua.
   b. Não contínua.

4)

a. $f_x = 3$; $f_y = 5$; $f_z = -6$.

b. $f_x = 2y + 2z$; $f_y = 2x + 3z$; $f_z = 2x + 3y$.

c. $f_x = 0,5x^{-0,5} + 2z^{0,25}$; $f_y = 1,5y^{0,5}$; $f_z = 0,5x \cdot z^{-0,75}$.

d. $f_x = 2y$; $f_y = 2x$; $f_z = -3t$; $f_t = -3z$.

e. $f_x = \dfrac{4x}{2x^2 + y^2 - z \cdot t^2}$; $f_y = \dfrac{2y}{2x^2 + y^2 - z \cdot t^2}$; $f_z = \dfrac{-t^2}{2x^2 + y^2 - z \cdot t^2}$; $f_t = \dfrac{-2z \cdot t}{2x^2 + y^2 - z \cdot t^2}$.

5) $3x + 4y + 5z$.

6)

a. $\dfrac{\partial P}{\partial x} = 0,4 \cdot x^{0,8} \cdot y^{0,3} \cdot z^{0,5}$; $\dfrac{\partial P}{\partial y} = 0,6 \cdot x^{0,2} \cdot y^{-0,7} \cdot z^{0,5}$; $\dfrac{\partial P}{\partial x} = x^{0,2} \cdot y^{0,3} \cdot z^{-0,5}$.

b. Demonstração.

7)

a. $df = 2\Delta x + 3\Delta y + 4\Delta z$

b. $df = e^{x-y+t^2+z^2} \cdot [\Delta x - \Delta y + 2t \cdot \Delta t + 2z \cdot \Delta z]$.

8)

a. 2,4.

b. $0,35 + 0,1x + 0,1y$.

c. $4h + x \cdot h + y \cdot h$.

9)

a. $8t$.

b. $\cos t - 2 \cdot \operatorname{sen} t + 4 \cdot t^3$.

c. $e^{t^3 + t^2 + t - 2} \cdot (3t^2 + 2t + 1)$.

d. $-4 \cdot t^{-5} - 8 \cdot t^{-9}$.

10)

a. $(8x - 5y^2)\bar{i} + (-10xy)\bar{j}$.

b. $-29\bar{i} + 60\bar{j}$.

c. $D_{\bar{u}}z = \dfrac{60\sqrt{3} - 29}{2}$.

11)

a. Largura igual a 4 polegadas.

b. Ângulo igual a 60°.

12) 24/5.

Atividades de autoavaliação

1) d.

2) a.

3) c.

4) b.

5) b.

CAPÍTULO 4

Exercícios de fixação

1)
  a. A série converge para $\dfrac{|x|}{3} < 1$, pois $-3 < x < 3$. Se $x < -3$ ou se $x > 3$, então diverge para $\dfrac{|x|}{3} > 1$. Quando $|x| = 3$, temos $|a_n| = \left|(-1)^n \dfrac{n}{3^n} x^n\right| = \dfrac{n}{3^n}|x| = \dfrac{n}{3^n} 3^n = n$. Assim, para essa resposta, como o $\lim\limits_{n \to \infty} a_n \neq 0$, a série diverge. Portanto, a série converge para valores de x no intervalo aberto (–3, 3) e somente para tais valores de x.

  b. A série converge para todos os valores de x.

  c. A série converge somente para $x = -2$.

2)
  a. $C = \{0\}$.

  b. $C = \mathbb{R}$ (Reais).

  c. $C = \left(-\dfrac{1}{2}, \dfrac{1}{2}\right)$.

Atividades de autoavaliação

1) d.

2) b.

3) a.

4) c.

5) c.

CAPÍTULO 5

Exercícios de fixação

1) $I_x = \frac{8}{3} g \cdot cm^2$, $I_y = \frac{8}{3} g \cdot cm^2$ e $I_0 = \frac{16}{3} g \cdot cm^2$.

2) $I_x = \frac{8}{35} g \cdot cm^2$.

3) $A = 3\pi + 8$ u.a.

4) $\frac{2187\pi}{2}$.

5) $\frac{4\pi}{3} a^3$ u.v.

6) $\frac{16\pi}{3}(\sqrt{3}-1)$ u.v.

Atividades de autoavaliação

1) b.

2) b.

3) c.

4) d.

5) c.

CAPÍTULO 6

Exercícios de fixação

1)
   a. $5\bar{i} + 4\bar{j} + 2\bar{k}$.
   b. Reais.
   c. $10\bar{i} + 3\bar{j} + -2\bar{k}$
   d. $10\bar{i} - 2\bar{k}$.

2)
   a. $\bar{j} + \frac{\pi^3}{64}\bar{k}$.
   b. Reais.
   c. $-2\bar{i} + \frac{\pi}{16}\bar{k}$.

d. $-4\vec{j}+\dfrac{3\pi}{2}\vec{k}$.

3) 0.

4) 2.

5) 2π.

6)
   a. 0.

   b. 0.

   c. $-\pi$.

Atividades de autoavaliação

1) b.

2) a.

3) d.

4) a.

5) c.

Sobre os autores

André Cândido Delavy Rodrigues é graduado em Matemática pela Universidade de Passo Fundo (UPFRS) e mestre em Educação Matemática pela Universidade Federal do Paraná (UFPR). Além disso, é tecnólogo em Design de Interiores pelo Centro Europeu e encontra-se atualmente em processo de formação em Arquitetura e Urbanismo pela UniFecaf-SP.

Também desempenha um papel ativo como professor de SketchUp e se destaca como produtor digital especializado na área de modelagem 3D, com enfoque específico em aplicações para engenharia, arquitetura, design de interiores e marcenaria.

Além disso, possui experiência sólida na área de inteligência artificial (IA) e se dedica à criação de obras de arte visual por meio do uso dessa tecnologia inovadora. Para mais informações sobre seu trabalho, visite o site: <www.setbox3d.com.br>.

Alciony Regina Herdérico é graduada em Matemática (licenciatura plena) e mestra em Educação Matemática. Atua como professora de Cálculo Numérico, Cálculo Diferencial e Integral I, II, III, IV e Matemática Financeira e Matemática Discreta nos cursos de engenharia da Facear e também como professora de Matemática da rede estadual de ensino do Estado do Paraná.

Impressão:
Agosto/2023